计算机应用

主编　梁　敏　廖文婧

副主编　章　伟　伍永锋　孟秋晴

U0296590

科学出版社

北京

内 容 简 介

　　本书以培养学生信息素养为导向，以提升学生数据处理能力为目标，在阐述计算机于各个领域应用前景的基础上，结合数据的生命周期，以Excel为主要数据分析处理工具，重点阐述数据的获取、预处理、分析及可视化技术。

　　本书每个章节的编写均采用理论介绍与案例操作相结合的方式，力求将数据处理的各个环节清晰呈现在读者面前。本书可以作为本科计算机应用课程的教学用书，也可以作为有数据分析需求人员的参考书。

图书在版编目(CIP)数据

计算机应用 / 梁敏，廖文婧主编. — 北京：科学出版社，2018.12
ISBN 978-7-03-059654-3

Ⅰ. ①计… Ⅱ. ①梁… ②廖… Ⅲ. ①计算机应用 Ⅳ. ①TP39

中国版本图书馆 CIP 数据核字(2018)第 265915 号

责任编辑：于海云 / 责任校对：郭瑞芝
责任印制：霍　兵 / 封面设计：迷底书装

科 学 出 版 社 出版
北京东黄城根北街 16 号
邮政编码：100717
http://www.sciencep.com

北京市密东印刷有限公司 印刷
科学出版社发行　各地新华书店经销
*
2018 年 12 月第 一 版　　开本：787×1092　1/16
2023 年 8 月第十次印刷　　印张：12 1/2
字数：288 000

定价：39.80 元
(如有印装质量问题，我社负责调换)

序

在人类发展的历史长河中，"数"与"数据"的内涵与形态在不断演变。从最古老的结绳记事到目前风起云涌的大数据，都是"数"与"数据"的表现形式。在经济、管理类学科中，"数"与"数据"几乎是所有的信息来源与输出。在贵州财经大学的票据馆中，我们看到不同时代的货币、地契、证券等都是不同类型的"数"或者是"数据"的具体体现。为了提升这些"数"及"数据"的处理能力，算盘、计算尺等工具被发明出来，在不同的时代极大地提升了当时的社会生产力。

计算机作为人类发明的高级生产工具，深刻地改变了人们的生产和生活方式。它在社会经济发展中的应用越来越广泛、深入，并由此催生了目前世界上最大的产业——信息产业。信息技术的进步使得各种各样的数据被广泛地记录下来，形成了庞大的数据规模。人们利用这些数据可以更准确地预测未来的天气状况，可以更合理地建设仓储的数量、位置及规模，可以更好地判断同学们的学习情况和老师的教学情况，等等。2014年3月，贵州省人民政府在我国率先踏上了大数据发展的征程。在随后的几年里，随着大数据产业的迅猛发展，深刻地改变了贵州省的产业发展形态。因此，培养与贵州省当前社会经济发展相适应的人才，是我们当前普通高等教育面临的十分艰巨而重要的任务。

贵州财经大学自2015年以来，以着力提高本科教学质量作为学校发展的主基调，牢固确立人才培养的中心地位，坚持走以质量提升为核心的内涵式发展道路，提出了贵州财经大学的毕业生应当具备的"五大能力"，推出了以教学范式改革等在全校范围内具有广泛影响的教学改革。"计算机应用"课程面向全校所有专业开设，是承载"五大能力"之信息处理能力的主要课程。因此"计算机应用"课程的教学目标、内容与形式在达成我校本科生的培养目标中具有举足轻重的作用，我们需要根据新形势下学校战略定位的提升调整本门课程之前的应试教育目标。

信息学院根据学校在本科生的培养目标、课程体系与毕业要求等环节的调整和具体要求，于2017年5月正式成立了"计算机应用"课程建设与改革领导小组，由我牵头展开了密集而深入的调研，以教育部教学指导委员会的相关规范为准绳，借鉴工程教育认证的思想，以学生为中心，遵循基于产出的教育(Outcome-Based Education，OBE)理念，采用结构化设计方法，结合学校人才培养实际，于2017年底编写了第一稿教学内容的目录。此后，我们分别召开不同层次的研讨会，邀请校内外专家针对教学内容展开激烈探讨，并对内容进行相应的调整和修改。事实上，我们每一次修改完成之后，在讨论过程中又发现新的问题，即使在即将付梓的此刻，我们仍然发现许多需要进一步调整的内容。

　　教学是一项教与学相互促进的过程,所有的教学内容都应该在实践中检验,并以学生的学习效果作为终极目标,而对教学内容的改革也是无止境的。因此,经过学校教学指导委员会同意,我们从 2019 年开始使用这本以学生信息处理能力提升为根本目的的教材,并在后续教学中逐步完善。我们相信,在教学改革的道路上,只要方向正确,就不怕路途遥远。

邓明森　博士、教授

贵州财经大学信息学院　院长

2018 年 11 月

前　言

随着我国大学计算机基础教育的发展及社会需求的演变，如何将计算机与信息技术深度融合到经济社会各个领域中，形成以互联网为基础设施和实现环境的经济发展新形态，既是国家的宏观战略，也是每一个大学生进入社会应该具备的基本能力。

"计算机应用"课程是大学生进入大学后的第一门计算机课程。当前社会正处在一个信息技术高速发展的时代，大数据、云计算、人工智能的出现让计算机科学的普及成为进入大学后的首要任务。目前新入学的大学生的计算机应用水平不再是零基础，而且其水平还在快速提升，因此，"计算机应用"课程的改革势在必行。"计算机应用"课程确立以培养学生数据分析应用能力为导向的教学改革，其目的是结合教学范式改革，提高学生的自主学习能力和实际动手能力，通过梳理核心知识体系，改革教学内容和教学方法，将数据分析能力培养建立在知识理解和应用能力提升基础上。数据分析应用能力培养要将课程内容中的相关知识进行凝练，建立从知识认知到思维构建的桥梁，从而在不知不觉中培养学生对数据的理解，让学生能够处理数据、分析数据、应用数据，使各专业的学生广泛接受数据分析的训练，提升大学生的计算思维能力，具备复合交叉的知识结构。

结合学校确立的"知识传递—融会贯通—拓展创造"新型梯度课程教学目标以及计算机科学技术的发展和应用现状，突出数据分析应用能力的培养，改革后的课程知识体系主要内容包括七大部分：计算机基础知识、计算机素质教育、计算机硬件基础、计算机软件基础、数据处理基础知识、数据分析与可视化、数据库及应用。其中我们将数据处理基础知识、数据分析与可视化、数据库及应用三个部分作为课堂教学的主要内容，而计算机基础知识、计算机素质教育、计算机硬件基础、计算机软件基础四个部分将作为教学辅助资源慕课教学平台建设的重点内容。

本书以数据生命周期为主线，将前沿背景、基础理论与实际操作结合起来，不仅介绍数据分析的理论模型，而且介绍以电子表格为工具的分析技术。本书分为7章：第1章是绪论，主要介绍计算机科学和数据科学发展的现状，通过对数据、信息、知识与智慧的对比介绍，让读者理解数据分析的重要意义；第2章是数据处理分析工具Excel概述，主要对电子表格软件的操作环境进行详细介绍；第3章是数据处理常用公式及函数，主要对数据分析中常用的函数和公式进行实例说明；第4章是数据获取与数据预处理，主要介绍数据的获取方式，以及对基础数据的汇总与筛选，为分析工作做准备；第5章是数据分析，主要是对数据分析方法论及数据分析相关技术进行详细介绍；第6章是数据可视化，主要从表格和图表两个方面对数据的可视化技术进行详细介绍；第7章是Access数据库，从数据库的角度，对数据库设计步骤、数据统计查询、用户界面设计进行详细介绍。

本书第1章由梁敏、廖文婧、陈建、孟秋晴共同编写；第2、3章由伍永锋编写；第4章由孟秋晴编写；第5章由梁敏编写；第6章由廖文婧编写；第7章由章伟编写。在本书编写过程中，参考和借鉴了大量国内外有关计算机应用和数据分析方面的著作、教材、文章等，吸收了前人的经验，在此深表谢意。感谢邓明森教授为本书作序，感谢陈建教授的支持与指导，感谢各位专家、老师在本书编写过程中的指正与帮助。

　　由于编者水平有限，加上计算机技术的高速发展，新技术、新方法、新问题不断出现，本书难免存在欠妥之处，欢迎广大读者批评指正。

编　者

2018 年 11 月

目　录

第1章 绪 论

1.1 数据、信息、知识与智慧

互联网时代我们身边充满了各种各样的数据。但只有将这些杂乱无章的数据转换为信息和知识，才能帮助我们做出智慧的决策。从数据到智慧被划分为不同的层次，如图1-1所示。

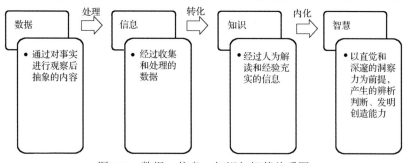

图 1-1 数据、信息、知识与智慧关系图

1.1.1 数据

数据是指对客观事件进行记录并可以鉴别的符号，是对客观事物的性质、状态以及相互关系等进行记载的物理符号或这些物理符号的组合。它是可识别的、抽象的符号。

说到什么是数据，很多人首先想到的是数字，如1、2、3等。但它不仅指狭义上的数字，还可以是具有一定意义的文字、字母、数字符号的组合，或图形、图像、视频、音频等，也可以是客观事物的属性、数量、位置及其相互关系的抽象表示。例如，"0、1、2、…""阴、雨、降雪、气温""学生的档案记录""货物的运输情况"等都是数据。

数据所涉及的范围很广，并且随着技术的发展，数据的定义范围也越来越宽泛，以前并不是数据的，但现在看来都已经变成了数据的范畴，如在互联网出现之前，文字并不被认为是数据，但是互联网出现以后，通过将文字进行电子化储存，因此成了可以计算的文本，这就涉及自然语言处理技术。甚至包括我们的聊天记录、网页内容、打电话记录、用户生存内容(UGC)、论坛评论、购物数据、社会关系、行程记录等都是数据内容。数据也经历了从结构化到非结构化的转变，而且非结构化数据中蕴含着更大的价值。

在计算机学科中，数据是所有能输入计算机并被计算机程序处理的符号介质的总称，是用于输入电子计算机中进行处理，具有一定意义的数字、字母、符号和模拟量等的通称。现在计算机存储和处理的对象十分广泛，表示这些对象的数据也随之变得越来越复杂。

数据的分类如下。

1. 按性质分

(1)定位的，如各种坐标数据。

(2)定性的，如表示事物属性的数据(居住地、河流、道路等)。

(3)定量的，反映事物数量特征的数据，如长度、面积、体积等几何量，或重量、速度等物理量。

(4)定时的，反映事物时间特性的数据，如年、月、日、时、分、秒等。

2．按表现形式分

(1)数字数据，如各种统计或测量数据，数字数据在某个区间内是离散的值；

(2)模拟数据，由连续函数组成，是指在某个区间连续变化的物理量，又可以分为图形数据(如点、线、面)、符号数据、文字数据和图像数据等，如声音的大小和温度的变化等。

3．按记录方式分

一般的记录方式有地图、表格、影像、磁带、纸带等。而按数字化方式可分为矢量数据、格网数据等。在地理信息系统中，数据的选择、类型、数量、采集方法、详细程度、可信度等，取决于系统应用目标、功能、结构和数据处理、管理与分析的要求。

1.1.2　信息

"信息"是当前使用频率很高的一个概念，到目前为止，围绕信息定义所出现的流行说法已不下百种。以下是一些比较典型、比较有代表性的说法。1948年，信息论的创始人 C.E.香农在研究广义通信系统理论时把信息定义为信源的不定度。1950年，控制论的创始人 N.维纳认为，信息是人们在适应客观世界，并使这种适应被客观世界感受的过程中与客观世界进行交换的内容的名称。1964年，R.卡纳普提出语义信息，语义不仅与所用的语法和语句结构有关，而且与信宿对于所用符号的主观感知有关，所以语义信息是一种主观信息。20世纪80年代，哲学家们提出广义信息，认为信息是直接或间接描述客观世界的，把信息作为与物质并列的范畴纳入哲学体系。20世纪90年代以后一些经典的定义有：

(1)数据是从自然现象和社会现象中搜集的原始材料，根据使用数据人的目的按一定的形式加以处理，找出其中的联系，就形成了信息。

(2)信息是有一定含义的、经过加工处理的、对决策有价值的数据，即信息＝数据＋处理。

(3)信息是人们对数据进行系统组织、整理和分析，使其产生相关性，但没有与特定用户行动相关联的，信息可以被数字化；作为知识层次中的中间层，有一点可以确认，那就是信息必然来源于数据并高于数据。

只有当这些数据用来描述一个客观事物和客观事物的关系，并形成有逻辑的数据流时，它们才能被称为信息。信息事实上还包括一个非常重要的特性——时效性。信息的时效性对于我们使用和传递信息有重要的意义。它提醒我们，失去信息的时效性，信息就不是完整的信息，甚至会变成毫无意义的数据流。所以，信息是具有时效性的、有一定含义的、有逻辑的、经过加工处理的、对决策有价值的数据流，即信息＝数据+时间+处理。

数据与信息的联系与区别如下：

(1)数据是信息的载体，但不是所有的数据都能表示信息，信息是因某种目的被人们处理过的数据。

(2)信息是抽象的，不随数据设备所决定的数据形式而改变；而数据的表示方式却具有可选择性。

1.1.3　知识

数据和信息处理以后就会得到知识。知识是数据和信息的高级和抽象的概念。知识具有系统性、规律性和可预测性。

理论界对于知识的经典定义：

(1) 知识是让从定量到定性的过程得以实现的、抽象的、逻辑的东西。知识需要通过信息使用归纳、演绎的方法得到。知识只有在经过广泛深入的实践检验，被人消化吸收，并成为个人的信念和判断取向之后才能成为知识。

(2) 知识是一种流动性质的综合体，包括结构化的经验、价值以及经过文字化的信息。在组织中，知识不仅存在于文件与储存系统中，也蕴含在日常例行工作、过程、执行与规范中。知识来自于信息，信息转变成知识的过程中，均需要人们亲自参与。知识包括"比较""结果""关联性"与"交谈"的过程。

(3) 国际经济合作组织组编写的《知识经济》(*Knowledge Based Economy*，1996) 中对知识的界定，采用了西方 20 世纪 60 年代以来一直流行的说法——知识就是知道了什么 (Know-what)、知道为什么 (Know-why)、知道怎么做 (Know-how)、知道谁 (Know-who)。这样的界定可以概括为"知识是 4 个 W"。

(4) Harris (1996) 将知识定义为：知识是信息、文化脉络以及经验的组合。其中，文化脉络为人们看待事情时的观念，会受到社会价值、宗教信仰、天性以及性别等的影响；经验是个人从前所获得的知识；信息则是在数据经过储存、分析以及解释后所产生的，因此信息具有实质内容与目标。知识之所以在数据与信息之上，是因为它更接近行动，与决策相关。

我们认为，上述这些知识的经典定义都有其价值和意义，信息虽给出了数据中一些有一定意义的东西，但它往往会在时间效用失效后价值开始衰减，只有通过人们的参与，对信息进行归纳、演绎、比较等手段进行挖掘，使其有价值的部分沉淀下来，并与已存在的人类知识体系相结合，这部分有价值的信息才会转变成知识。例如，北京在 7 月 1 日，气温为 30℃；在 12 月 1 日气温为 3℃。这些信息一般会在时效性消失后，变得没有价值。但当人们对这些信息进行归纳和对比后，就会发现北京每年的 7 月气温会比较高，12 月气温比较低，于是总结出一年有春夏秋冬四个季节。有价值的信息沉淀并结构化后就形成了知识。

1.1.4　智慧

智慧是知识层次中的最高一级，同时也是人类区别于其他生物的重要特征。我们经常看到一个人满腹经纶，掌握很多知识，但不通世故，被人们称为书呆子。也会看到有些人只读过很少的书，却能力超群，能够解决棘手的问题。我们会认为后者具有更多的智慧。

智慧的经典定义：

(1) 定义智慧时，英国科学家图灵做出了贡献，如果一台机器能够通过称为"图灵实验"的实验，那它就是智慧的。图灵实验的本质就是让人在不看外形的情况下不能区别是机器的行为还是人的行为时，这个机器就是智慧的。

(2) 智慧(Wisdom)-知识的选择(Selection)应对的行动方案可能有多种，但选择哪个(战略)靠智慧。行动则又会产生新的智慧。

(3) 安达信(Arthur Anderson)管理顾问公司认为，智慧以知识为根基，加上个人的运用能力、综合判断、创造力及实践能力来创造价值。

(4) 迦纳认为，智慧是一种处理信息的生理心理潜能,这种潜能在某种文化环境之下，会被引发去解决问题或创作该文化所重视的作品。

从这些定义中可以总结出以下共识：智慧是人类解决问题的一种能力，是人类特有的能力。

回顾数据、信息、知识和智慧的定义，它们之间的区别与联系如下：

(1) 数据是使用约定的关键字，对客观事物的数量、属性、位置及其相互关系进行抽象表示，以适合在这个领域中用人工或自然的方式进行保存、传递和处理。

(2) 信息是具有时效性的、有一定含义的、有逻辑的、经过加工处理的、对决策有价值的数据流。

(3) 人们通过对信息进行归纳、演绎、比较，使其有价值的部分沉淀下来，并与已存在的人类知识体系相结合，这部分有价值的信息就转变成知识。

(4) 智慧是人类基于已有的知识，针对物质世界运动过程中产生的问题，根据获得的信息进行分析、对比、演绎，找出解决方案的能力。这种能力运用的结果是将信息的有价值部分挖掘出来并使之成为知识架构的一部分。

综上所述，从数据到信息再到知识，清晰界定各概念的范围，有利于我们学习大数据。从数据到信息，涉及不同的处理方法，这就涉及机器学习处理技术。不同的技术处理，可能会得到不同的信息。而从信息到知识，更加体现一个人的概括总结能力，它直接导致后期数据的应用场景和使用价值。最后，智慧是人类解决问题的一种能力，智慧是人类特有的能力。智慧的产生需要基于知识的应用，根据这些共识并沿承知识层次的前三个概念——数据、信息和知识，最终到达最高层级就是具有智慧。

1.2 数据类型及存储

1.2.1 数据类型

数据类型是一组性质相同的值集合以及定义在这个值集合上的一组操作的总称。数据类型中定义了两个集合，即该类型的取值范围以及该类型中允许使用的一组运算。例如，高级语言中的数据类型就是已经实现的数据结构的实例。

从这个意义上讲，数据类型是高级语言中允许的变量种类，是程序设计语言中已经实现的数据结构(即程序中允许出现的数据形式)。例如，在 C 语言中，整型类型的取值范围为$-32767 \sim +32768$，可用的运算符集合为加、减、乘、除、取模(即+、−、*、/、%)。从硬件的角度来看，它们的实现涉及字、字节、位、位运算等；从用户观点来看，并不需要了解整数在计算机内如何表示、运算细节如何实现，只需要了解整数运算的外部运算特性，就可运用高级语言进行程序设计。在高级程序设计语言中，数据类型包含系统定义的标准类型和用户自定义类型两大类，对系统定义的标准类型(如 C 语言中的 int 类型)

用户只需按规定的符号形式直接使用即可,而用户自定义类型必须由用户先定义后使用,用户在系统提供标准类型的基础上根据需要来组合、构造新的类型。

在 Microsoft Office 中,常用的数据类型有如下几种。

1) 字符型数据

在 Excel 中,字符型数据包括汉字、英文字母、空格等,每个单元格最多可容纳 32000 个字符。默认情况下,字符数据自动沿单元格左边对齐。当输入的字符串超出了当前单元格的宽度时,如果右边相邻单元格里没有数据,那么字符串会往右延伸,如果右边单元格有数据,超出的那部分数据就会隐藏起来,只有把单元格的宽度变大后才能显示出来。

2) 数值型数据

在 Excel 中,数值型数据包括 0~9 中的数字以及含有正号、负号、货币符号、百分号等任一种符号的数据。默认情况下,数值自动沿单元格右边对齐。

3) 日期型数据和时间型数据

在人事管理中,经常需要输入一些日期型的数据。在输入过程中要注意以下几点:
(1) 输入日期时,年、月、日之间要用"/"号或"–"号隔开,如"2002/8/16""2002-8-16"。
(2) 输入时间时,时、分、秒之间要用冒号隔开,如"10:29:36"。
(3) 若要在单元格中同时输入日期和时间,日期和时间之间应该用空格隔开。

4) 逻辑型数据

逻辑型数据只有两个数值:TRUE 和 FALSE。TRUE 为真值,其值为 1,FALSE 为假值,其值为 0。

1.2.2 数据存储

1. 数据存储方法

数据的存储结构可用以下 4 种基本存储方法得到。

1) 顺序存储方法

顺序存储方法把逻辑上相邻的结点存储在物理位置上相邻的存储单元里,结点间的逻辑关系由存储单元的邻接关系来体现。

由此得到的存储表示称为顺序存储结构,通常借助程序语言的数组描述。该方法主要应用于线性的数据结构。非线性的数据结构也可通过某种线性化的方法来实现顺序存储。

2) 链接存储方法

链接存储方法不要求逻辑上相邻的结点在物理位置上也相邻,结点间的逻辑关系由附加的指针字段表示。由此得到的存储表示称为链式存储结构,通常借助于程序语言的指针类型描述。

3) 索引存储方法

索引存储方法通常在储存结点信息的同时,还建立附加的索引表。索引表由若干索引项组成。若每个结点在索引表中都有一个索引项，则该索引表称为稠密索引。若一组结点在索引表中只对应一个索引项，则该索引表称为稀疏索引。索引项的一般形式是：（关键字、地址）。关键字是唯一标识一个结点的那些数据项。

4）散列存储方法

散列存储方法的基本思想是：根据结点的关键字直接计算出该结点的存储地址。

这 4 种基本存储方法既可单独使用，也可组合起来对数据结构进行存储映像。同一逻辑结构采用不同的存储方法，可以得到不同的存储结构。选择何种存储结构来表示相应的逻辑结构，视具体要求而定，主要考虑运算方便及算法的时空要求。

2. 信息存储形式

1）文本

数字和文字可以统称为文本，是符号化的媒体中应用得最多的一种。

如果文本文件中只有文本信息，没有其他任何有关格式的信息，则称为非格式化文本文件或纯文本文件，如 ".txt" 文件。带有各种文本排版等格式信息的文本文件，称为格式化文本文件，如 ".doc" 文件。该文件中带有段落格式、字体格式、文章的编号、分栏、边框等格式信息。文本的多样化是由文字的变化，即字的格式、字的定位、字体、字的大小以及由这 4 种变化的各种组合形成的。常用的文本文件格式有 ".txt" ".rtf" 以及 Word 格式的 ".doc" ".dot" 等。

2）图形

图形一般指用计算机绘制的画面，如直线、圆、圆弧、矩形、任意曲线和图表等。图形的格式是一组描述点、线、面等几何图形的大小、形状及位置、维数的指令集合，在图形文件中只记录生成图的算法和图上的某些特征点，也称矢量图。计算机上常用的矢量图形文件格式有 ".3ds"（用于 3D 造型）、".dxf"（用于 CAD） ".wmf"（用于桌面出版）等。

通过读取这些指令并将其转换为屏幕上所显示的形状和颜色而生成图形的软件通常称为绘图程序。在计算机还原输出时，相邻的特征点之间用特定的诸多段小直线连接就形成曲线。若曲线是两条封闭的图形，也可通过着色算法来填充颜色。计算机图形的最大优点在于可以分别控制处理图中的各个部分，如在屏幕上移动、旋转、放大、缩小、扭曲而不失真，不同的物体还可在屏幕上重叠并保持各自的特性，必要时可分开。因此，图形主要用于表示线框型的图画、工程制图、美术字等。绝大多数 CAD 和 3D 造型软件使用矢量图形作为基本图形存储格式。

3）图像

图像是指由输入设备捕捉的实际场景画面，或以数字形式存储的任意画面。例如，照片、图片和印刷品等。图像是直接量化的原始信号形式，由像素点构成的图像有静态图像和动态图像两种类型。静止的客观景物叫作静态图像，活动的客观景物叫作动态图像。静态图像由像素点表示，一个文件存储一幅图像，主要用于表现自然景物、人物以及平面图形。动态图像也由像素点表示，一个文件可以存储多幅图像。由于人眼睛的视觉滞留效应，当多幅图像连续放映时，就看到了所谓的动态图像。动态图像根据画面产生形式的不同而分为两种类型：当人工绘制的图形或计算机产生的图形以图像的形式表现出来时，称为动画；当图像是实时获取的自然景物时，称为视频信号。计算机中的图像是一组数据的集合，根据不同的开发者和不同的使用场合，数据的结构和格式也不尽相同，这就形成了多种数据格式的图像文件。常见的图像数据格式包括BMP、TIFF、TGA、GIF、PCX、JPEG、RAW、FPX 等。

4）音频

数字波形声音的主要技术参数有采样频率、采样精度和声道数。截取模拟声音信号振幅值的过程叫作"采样"，得到的振幅值叫作"采样值"，采样值用二进制数的形式表示。采样频率等于波形被等分的份数，份数越多（即频率越高），质量越好，数据量也越大。采样精度即每次采样的信息量。采样通过模/数转换器将每个波形垂直等分。声道数是声音通道的个数，指一次采样的声音波形个数。声音通道的个数表明声音产生的波形数，一般分单声道和立体声道，单声道产生单个波形，立体声道则产生两个波形。一般音频文件的格式有 WAV、MIDI、CD-DA、MP3、VQF、RA 等。音频数据处理软件可分为两大类，即声音处理软件与 MIDI 软件。

5）视频

视频是若干有联系的图像数据的连续播放。视频信号有模拟信号和数字信号之分。视频模拟信号就是常见的电视信号和录像机信号，采用模拟方式对图像进行还原处理。视频模拟图像的存储通常采用磁介质。录像带是典型的模拟信号存储介质，其特点是：成本低、图像还原效果好、易于携带。但随着时间的推移，录像带上的图像信号强度会逐渐衰减，造成图像质量下降、色彩失真等现象。视频模拟图像的处理需使用专门的视频编辑设备进行，计算机无能为力。视频数字信号是数字化了的视频模拟信号，由连续的画面组成，其转换过程由计算机设备和相应的软件完成。这种把模拟信号转换成数字信号的过程叫作"模/数转换"过程。与之相反，把数字信号转换成模拟信号的过程叫作"数/模转换"过程。视频文件的使用一般与标准有关，主要标准有 AVI、MOV、MPG、DAT、DIR、ASF、WMV、RM、RMVB 等。

6）动画

动画是运动的图画，实质上是一幅幅静态图像的连续播放。动画的连续播放既指时间上的连续，也指图像内容上的连续，即播放的相邻两幅图像之间内容相差不大。动画利用了人类眼睛的"视觉滞留效应"。人在看物体时，物体在大脑视觉中的停留时间约为1/24 秒。如果每秒更替 24 个画面或更多的画面，那么，在前一个画面在人脑中消失之前，下一个画面就进入人脑，从而形成连续的影像。

电脑动画应用比较广泛，由于应用领域不同，其动画文件的存储格式也存在不同类型。如 3DS 是 DOS 系统平台下 3D Studio 的文件格式，U3D 是 Ulead COOL3D 文件格式，GIF 和 SWF 则是我们最常用的动画文件格式。目前应用最广泛的动画格式有：GIF、SWF、AVI、MOV、QT。

1.2.3 数据关系

数据间的关系也可以理解为数据之间的一种结构关系。数据之间的关系通常有 4 种基本类型，如图 1-2 所示。

（1）集合结构：数据之间除了同属于一个集合的关系外，无任何其他关系。

（2）线性结构：数据之间存在一对一的线性关系。

（3）树状结构：数据之间存在一对多的层次关系。

（4）图状结构或网状结构：数据之间存在多对多的任意关系。

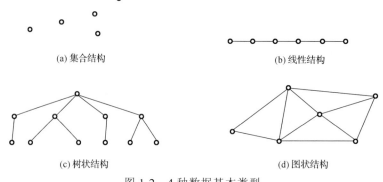

(a) 集合结构   (b) 线性结构

(c) 树状结构   (d) 图状结构

图 1-2   4 种数据基本类型

1.3 数据组织

1.3.1 文件

文件是一个具有符号的一组相关联元素的有序序列。文件可以包含范围非常广泛的内容。系统和用户都可以将具有一定独立功能的程序模块、一组数据或一组文字命名为一个文件。在计算机处理过程中，将大量数据以文件形式进行组织，存储在一定的物理设备上，当需要时可以进行检索或更新，达到一次存储多次使用的目的。文件是记录的集合。记录由数据项组成，是文件中可存取数据的基本单位。

1. 文件组织的基本方法

文件组织有顺序法、索引法、直接法等基本方法。

（1）顺序法是最简单的存储和检索记录的方法。在顺序文件中，其物理顺序和逻辑顺序相一致，记录按其进入的次序存放在存储介质上。对顺序文件的处理有如下要求：存取第 i 个记录，必须先存取前面的 $i-1$ 个记录，新数据记录加在文件的末尾；修改文件的某一个记录，可能要复制整个文件，即先复制该记录前面的所有记录，重写该记录，再复制该记录后面的所有记录。

（2）带有索引的文件称为索引文件，它由索引和文件本身两部分组成。索引文件的索引一定是按关键字顺序存放的，而文件本身可按顺序也可不按顺序存放。记录区按关键字顺序排列的称为索引顺序文件；记录区不按关键字顺序排列的称为索引非顺序文件，简称索引文件。索引顺序文件与索引文件比较，前者查找速度快，可以节省索引项，但修改比较困难。索引文件在物理存储器上有数据区和索引区两部分。在建立索引文件时，系统自动开辟索引区，按记录进入顺序登记索引项，最后将索引区按关键字值的大小递增或递减顺序排列。

(3)直接存取文件没有索引,而是通过一些寻址方法找到记录的关键字与存储地址间的相应关系,然后进行直接存取。实际上,直接存取文件是指按杂凑法进行组织的文件。杂凑法的基本思想是,根据记录的关键字来计算记录的存储地址,主要是解决如下的两个问题:寻找一个均匀的 Hash 函数,实现关键字到地址的转换;确定解决冲突的方法。与索引法比较,杂凑法随机存取速度较快,且较节省存储空间;缺点是不易找到一个理想的 Hash 函数,同时,当发生冲突现象时,会使存取时间加长。

2. 文件组织的特点

(1)数据共享性差,冗余度大。由于文件与应用程序一一对应,所以在不同的应用程序使用相同的文件时,就会出现重复定义、重复存储现象。

(2)数据不一致性。数据的冗余给数据的修改和维护带来了困难,容易造成数据不一致。

(3)数据独立性差。由于文件与应用程序联系紧密,当文件的结构发生改变时,既要修改应用程序中文件记录结构的定义部分,也要修改应用程序的数据处理部分。

(4)数据结构化程度低。文件系统中文件内部有了一定的结构,能够反映现实世界中实体本身的各方面属性,但是文件之间是孤立的,文件系统并没有提供反映和处理文件间联系的机制,因此从整体上看是无结构的,没有反映现实世界实体之间的内在联系。

1.3.2　数据库

1. 数据库、数据库管理系统、数据库系统

1)数据库

数据库(Database,DB)是长期存储在计算机内的、有组织的、可共享的数据集合。数据库中的数据按一定的数据模型组织、描述和存储,具有较小的冗余度、较高的数据独立性和易扩展性,并可为各种用户共享。

2)数据库管理系统

数据库管理系统(Database Management System,DBMS)是数据库系统中专门用于数据管理的软件,是用户与数据库的接口。它的主要功能包括以下几个方面。

(1)数据库定义功能。数据库管理系统提供数据描述语言(Data Defined Language,DDL)及其翻译程序,用于定义数据库结构(模式及模式间映射)、数据完整性和保密性约束等。

(2)数据库操纵功能。数据库管理系统提供数据操纵语言(Data Manipulation Language,DML)及其翻译程序用于实现对数据库数据的查询、插入、更新和删除等操作。

(3)数据库运行和控制功能。包括数据安全性控制、数据完整性控制、多用户环境的并发控制等。

(4)数据库维护功能。包括数据库数据的载入、转储和恢复,数据库的维护和数据库的功能及性能分析和监测等。

3）数据库系统

数据库系统（DataBase System，DBS）是指在计算机系统中引入数据库后的系统，一般由数据库、数据库管理系统（及其开发工具）、应用系统、数据库管理员和用户构成。应当指出的是，数据库的建立、使用和维护等工作只靠一个数据库管理系统是远远不够的，还要有专门的人员来完成，这些人员被称为数据库管理员（DataBase Administrator，DBA）。

2. 数据库的特点

数据库系统的出现是计算机数据处理技术的重大进步。它具有以下基本特点。

1）数据结构化

在数据库系统中，数据是按照特定的模型进行组织的，数据文件中记录的内容不仅能描述数据本身，而且能表示数据之间的联系。数据库系统能实现整体数据的结构化，这种特征能够反映现实世界的数据联系，能适应大批量数据管理的客观需要。

2）数据共享，冗余度低

数据共享是数据库系统的目的，也是它的重要特点。在数据库系统中，数据是面向整个系统的，可以为所有访问系统的用户共享。数据冗余是指各数据文件中有相互重复的数据。从理论上讲，可以消除冗余，但实际上，常常允许部分冗余存在，以提高检索速度。

3）数据独立性高

在数据库系统中，数据库的建立独立于程序。数据库系统通过三级模式和两种映像功能，使数据具有物理独立性和逻辑独立性。物理独立性是指当数据的存储结构（也称存储模式或内模式）改变时，通过映像，数据的逻辑结构（也称逻辑模式或模式）不变，从而不必修改应用程序。逻辑独立性是指当数据的逻辑结构改变时，通过映像，数据的用户模式（也称子模式或外模式）不变，从而也不必修改应用程序。

4）数据库管理系统统一管理和控制

通过数据库管理系统软件包统一管理数据、实现多用户的数据共享和并发操作，并确保数据的安全性和数据的完整性，包括数据库恢复的功能。

3. 数据库系统体系结构

数据库系统的体系结构是数据库系统的一个总框架。尽管实际数据库软件产品种类繁多，使用的数据库语言各异，基础操作系统不同，采用的数据结构模型相差甚大，但是绝大多数数据库系统在总体结构上都具有三级模式的结构特征。数据库的三级模式结构由外模式、模式和内模式组成。

（1）外模式：又称子模式或用户模式，是模式的子集，是数据的局部逻辑结构，也是数据库用户看到的数据视图。

（2）模式：又称逻辑模式或概念模式，是数据库中全体数据的全局逻辑结构和特性的描述，也是所有用户的公共数据视图。

（3）内模式：又称存储模式，是数据在数据库系统中的内部表示，即数据的物理结构和存储方式的描述。

数据库系统的三级模式是对数据的三级抽象。为了实现 3 个抽象层次的转换，数据库系统在三级模式中提供了两次映像：外模式/模式映像和模式/内模式映像。所谓映像，就是存在某种对应关系：外模式到模式的映像定义外模式与模式之间的对应关系；模式到内模式的映像定义数据的逻辑结构和物理结构之间的对应关系。正是由于这两次映像，使数据库管理的数据具有两个层次的独立性：物理独立性和逻辑独立性。

1.4　数　据　科　学

数据科学(Data Science，或数据学 Dataology)是研究 CYBER 空间(Cyberspace)中数据界奥秘的理论、方法和技术的总称，研究对象是数据界中的数据。包括两个内涵：一个是研究数据本身，即数据的各种类型、状态、属性及变化形式和变化规律；另一个是为自然科学和社会科学研究提供一种新方法，即基于数据的科学研究方法，其目的在于揭示自然界和人类行为的现象和规律。

数据科学是吉姆·格雷博士(Jim Gray，图灵奖得主，关系数据库创始人)于 2007 年提出的第四科学范式。

1.4.1　数据科学范式

范式是一个共同体成员所共享的信仰、价值、技术等的集合。指常规科学所赖以运作的理论基础和实践规范，是从事某一科学的研究者群体所共同遵从的世界观和行为方式；是开展科学研究、建立科学体系、运用科学思想的坐标参照系与基本方式；是科学体系的基本模式、基本结构与基本功能。

科学发展是一个进化与革命、积累与飞跃、连续与中断往复交替的过程，一般会经历 4 个时期：前学科期、常规科学期、反常和危机期、科学革命期。

在科学发展史上，天文学中有哥白尼革命，化学中有拉瓦锡革命，物理学中先有牛顿革命后有爱因斯坦革命。新范式战胜并取代旧范式，标志着科学革命期的结束，进入新的常规科学期。在新的常规科学期，新范式成了该科学共同体的共同信念。科学研究在新范式指引下继续累积前进，随后又会出现许多反常，陷入新的科学危机，引发新的科学革命，实现从新范式到更新范式的转变，从而进入更新的常规科学期。科学发展就是通过这样的循环往复而不断推进向前的。

科学发展动态模式是：前学科期(没有范式)→常规科学期(建立范式)→科学革命期(范式动摇)→新常规科学期(建立新范式)。在前学科期，科学家之间存在意见分歧，因而没有一个被共同接受的范式。不同范式之间竞争和选择的结果是一种范式得到大多数科学家的支持，形成科学共同体公认的范式，从而进入常规科学期。一切科学都是按照这个科学革命的规律发展的。

在人类科学研究与探索的长河中，已历经了实验科学范式、理论科学范式和计算科学范式，而数据科学范式正处于发展过程中。

1. 实验科学范式

实验科学以记录和描述自然现象为主，抽象的理论概括较少。研究方法以归纳为主，带有较多盲目性的观测和实验。研究特点是以经验材料为主，具有经验科学的性质。

实验科学强调科学必须是实验的、归纳的，一切真理都必须以大量确凿的事实材料为依据，并提出了寻找因果联系的科学归纳法，即：观察→假设→实验；若实验结果与假设不符，则修正假设再实验。

2. 理论科学范式

理论指人类对自然和社会现象根据已实证的知识、经验、事实、法则、认知及假说，经由一般化与演绎推理得出的合乎逻辑的推断性结果。人类借由观察实际现象或逻辑推论而提出的某种学说，如果未经社会实践或科学试验证明是合乎逻辑的推断性结果，只能属于假说。

理论科学偏重于对事物的理论概括，强调普遍的理论认知，而非具有直接实用意义的科学。其研究方法以演绎为主，不局限于对经验事实的描述。

3. 计算科学范式

计算科学是一个涉及数据模型构建、定量分析方法，以及利用计算机来解决各种科学问题的广泛研究领域。

在实践中，计算科学主要用于问题的模拟仿真和其他形式的计算。主要问题域包括：数值模拟、模型拟合、数据分析、计算优化等。

4. 数据科学范式

数据科学是研究密集型大数据的科学，它将改变传统的假设驱动研究方法为未来的数据驱动研究方法。其过程为：网络采集数据、计算机处理与存储数据、各种专门软件分析数据。

第三、第四范式都是利用计算机解决问题，二者区别何在？第三范式解决问题的方法是先提出可能理论，再搜集数据，然后通过计算进行验证；第四范式则是利用已有的大量数据，通过计算获得从前未知的知识。

数据科学时代最大的转变就是放弃对事物因果关系的刻板追求，转而重点关注事物的相关关系。这颠覆了千百年来人类的思维定式，对人类认识世界的方式提出了全新挑战。人类总是会思考事物之间的因果关系，而对基于数据的相关性并不那么敏感；相反，计算机几乎无法自己理解事物之间的因果关系，而极为擅长对基于数据的相关性分析。总之，可以利用第三范式的"人脑+电脑"与第四范式的"电脑+人脑"来更好地解决未来所面临的未知问题。

1) 数据科学的产生背景

信息化已将现实世界中的事物和现象以数据的形式存储到了 CYBER 空间中，这是一个生产数据的过程。这些数据是自然和生命的一种表示形式；这些数据也记录了人类的行为，包括工作、生活和社会发展。

今天，数据被快速、大量地生产并存储在 CYBER 空间中，这种现象称为数据爆炸（Data Explosion），数据爆炸在 CYBER 空间中形成数据自然界（Data Nature）。数据是 CYBER 空间中的唯一存在，我们需要对这个 CYBER 空间中数据的规律和现象加以研究和探索。

探索 CYBER 空间中数据的规律和现象，就是探索宇宙的规律、探索生命的规律、寻找人类行为的规律、寻找社会发展规律的一种重要手段。数据科学与自然科学和社会科学不同，其研究对象是 CYBER 空间中的数据，是一门新的科学。数据科学将改进现有的科学研究方法，以形成新的科学研究方法，并针对专门领域研究其相应的理论、技术和方法，以形成专门领域的数据学。

2）数据科学的发展历史

数据科学在 20 世纪 60 年代已被提出，只是当时并未获得学术界的注意和认可。1974年彼得·诺尔出版的《计算机方法的简明调查》中将数据科学定义为："处理数据的科学，一旦数据与其代表事物的关系被建立起来，将为其他领域与科学提供借鉴"。1996 年，在日本召开的"数据科学、分类和相关方法"会议，已经将数据科学作为会议的主题词。2001 年，美国统计学教授威廉·S.克利夫兰发表了《数据科学：拓展统计学的技术领域的行动计划》，因此有人认为是克利夫兰首次将数据科学作为一个单独的学科，并把数据科学定义为由统计学领域扩展到将数据对象与现代计算技术相结合的研究领域，奠定了数据科学的理论基础。

3）数据科学的研究内容

（1）基础理论研究。科学的基础是观察和逻辑推理，同样要研究数据界中的观察方法，要研究数据推理的理论和方法，包括：数据的存在性、数据测度、时间、数据代数、数据相似性与簇论、数据分类与数据百科全书等。

（2）实验及逻辑推理方法研究。建立数据科学的实验方法，需要建立许多科学假说和理论体系，并通过这些实验方法和理论体系开展数据界的探索研究，从而认识数据的各种类型、状态、属性及变化形式和变化规律，揭示自然界和人类行为现象和规律。

（3）领域数据学研究。将数据科学的理论和方法应用于专门领域便形成专门领域的数据学，例如：脑数据学、行为数据学、生物数据学、气象数据学、金融数据学、地理数据学等。

（4）数据资源开发利用方法和技术研究。数据资源是重要的现代战略资源，其重要程度将越来越凸显，在 21 世纪或许超过石油、煤炭、矿产，成为人类最重要的资源之一。这是因为人类的社会、政治和经济都将依赖于数据资源，而石油、煤炭、矿产等资源的勘探、开采、运输、加工、销售等，无一不依赖数据资源，离开了数据资源，这些工作都将无法开展。

4）数据科学的知识体系

数据科学主要以统计学、机器学习、数据可视化及领域知识为理论基础，其主要研究内容包括数据科学基础理论、数据预处理、数据计算和数据管理。数据科学知识体系如图 1-3 所示。

（1）基础理论：数据科学的"基础理论"与"理论基础"是两个不同的概念，"基础理论"在数据科学的研究边界之内，而"理论基础"在其研究的边界之外，是数据科学的理论依据和来源，如图 1-4 所示。

（2）数据预处理：为了提升数据质量，降低数据计算复杂度，减少数据计算量以及提升数据处理的准确性，需要对原始数据进行预处理，包括数据审计、数据清洗、数据变换、数据集成、数据脱敏、数据规约和数据标注等。

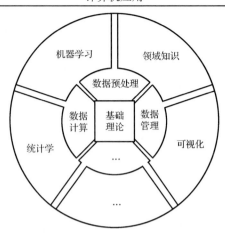

图 1-3　数据科学知识体系

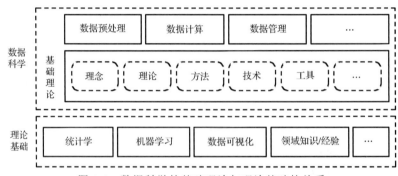

图 1-4　数据科学的基础理论与理论基础的关系

(3) 数据计算：数据科学的计算模式发生了根本性变化。从集中式、分布式、网格化等传统计算模式转向了云计算模式。计算模式的变化意味着数据科学所关注的数据计算的主要目标、瓶颈和矛盾均发生了根本性变化。

(4) 数据管理：在完成"数据预处理"或"数据计算"后，需要对数据进行管理，以便进行"数据处理"以及数据的再利用和持久保存。在数据科学中，数据管理方法与技术发生了根本性改变，不仅包括传统的关系型数据库，而且还出现了一些新型的数据管理技术，例如 NoSQL、NewSQL 技术和关系云等。

(5) 技术与工具：数据科学中具有很多不同特性的、具有一定专业性的、面向解决不同领域问题的技术与工具，例如：Python、R、Pig、即席查询、交互式分析等。

5) 与其他学科的关系

数据是 CYBER 空间中的客观存在；信息是自然界、人类社会及人类思维活动中发生的现象；知识是人们在实践中所获得的认识和经验。数据可以作为信息和知识的载体，但数据本身并不是信息或知识。数据科学的研究对象是数据，而不是信息，也不是知识。人们通过研究数据来获取对自然、生命和行为的认识，进而获得信息和知识。数据科学的研究对象、研究目的和研究方法都与已有的计算机科学、信息科学和知识科学有本质的不同。数据科学与其他学科的关系如图 1-5 所示。

(1) 自然科学：研究自然现象和规律，认识的对象是整个自然界，即自然界物质的各种类型、状态、属性及运动形式。

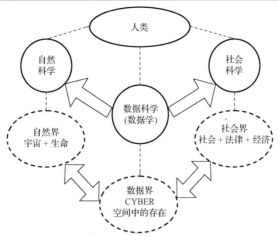

图 1-5 数据科学与其他学科的关系

(2) 社会科学：研究自然和社会环境中人和低级动物的行为，包括心理学、社会学、社会人类学和其他类似的学科。

(3) 数据科学：支撑自然科学和行为科学的研究。随着数据科学的发展，越来越多的科学研究会直接针对数据进行，这将使人类直接通过认识数据来认识自然、社会及其行为。

人类探索世界，用计算机处理人、自然和社会的发现，由此人类创造了一个更为复杂的数据自然界；也因此人们生活在了现实自然界和数据自然界两个世界中，人、自然和社会的历史将变为数据的历史。人类可以通过探索数据界来探索自然界，人类还需要探索数据界特有的现象和规律，此即数据科学的任务。可以预期，当下所有的科学研究领域都可能形成相应的数据学。

6) 数据科学的体系框架

数据科学研究工作过程：从数据界中获取一个数据集，探索该数据集的整体特性；进行数据分析或数据实验，发现数据规律；将数据进行感知化等。数据科学基本体系框架如图 1-6 所示。

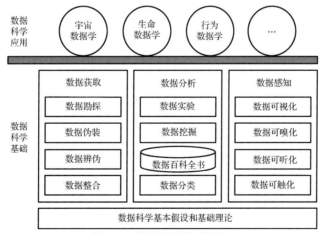

图 1-6 数据科学体系框架

5. 科学研究范式图谱

科学范式是对科学研究的规范。在进行科学研究时，必须遵循本学科已形成的大家公认的科学理论体系。数据科学的诞生，使得科学研究以数据驱动为中心的特征越发突显。从大数据中探索"不知道自己不知道"的现象和规律，已成为科学研究中不可或缺的重要组成部分。

科学从实验科学到理论科学再到计算科学，现在发展到数据科学，相应地科学范式也从第一范式发展到了第四范式。清楚地认识每一个范式的概括（公式）、模型（形而上学的假设）和范例（具体的题解），对于研究第四科学范式的发展有着非常重要的意义。科学研究范式的关系如图1-7所示。

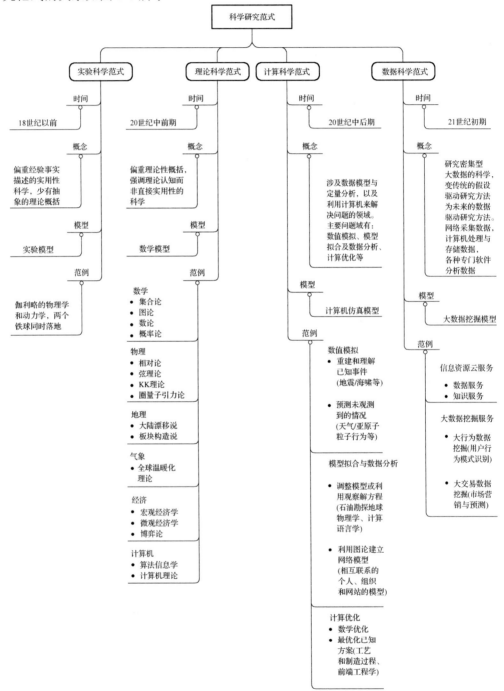

图 1-7　科学研究范式图谱

1.4.2 数据思维

数据思维的核心是利用数据解决问题，利用数据解决问题最核心的是要深度了解需求，了解真正要解决什么样的问题，解决问题背后的真实目的是什么。在解决问题的过程中我们使用数据的方法，通常可以叫量化的方法。

所谓量化的方法，就是解决问题的过程要可衡量、可评估，有非常明确的定义。可以总结为以下几点：

(1)需要有明确的目的。

(2)在达到目的的过程中需要有清晰的定义。

(3)在解决问题的过程中所使用的手段是可量化的。

(4)对问题、解决问题的全过程可评估。

所以不管是财务、人事，还是生产或销售的每一个环节都必须是可量化的，可以通过数据解决问题的。

1.4.3 大数据

进入 21 世纪，随着互联网技术的发展，数据更是引起越来越多人的注意。数十亿的用户、数百万的引用程序促进了互联网数据的膨胀式发展，互联网世界中面向人际互动、人机互动的音频、图像/视频、文档等大规模的结构化数据、非结构化数据以及半结构化数据的聚集和交换形成了所谓的"大数据(BigData)"。物联网技术进一步使实物商品、实物资源等被感知、被联网，形成大规模的物联网数据。

研究机构 Gartner 给出了这样的定义，"大数据"是需要新处理模式才能具有更强的决策力、洞察发现力和流程优化能力的海量、高增长率和多样化的信息资产。在维克托·迈尔-舍恩伯格及肯尼斯·库克耶编写的《大数据时代》中，描述了"大数据"是指不用随机分析法(抽样调查)这样的捷径，而对所有数据进行分析处理。大数据的 4V 特点如下：

(1)Volume，数据体量巨大。数据计量单位已从 B(Byte)、KB、MB、GB、TB，发展到 PB、EB、ZB、YB，甚至用 BB、NB、DB 来衡量。

(2)Variety，数据类型繁多。如网络日志、视频、图片、地理位置信息等。

(3)Value，价值密度低。以视频为例，在连续不间断的监控过程中，可能有用的数据仅出现一两秒。

(4)Velocity，处理速度快。1 秒定律。这一点也与传统的数据挖掘技术有本质的不同。物联网、云计算、移动互联网、车联网、手机、平板电脑、PC，以及遍布地球各个角落的各种各样的传感器，无一不是数据来源或者承载的方式。数据量越大，数据种类越多，要求实时性越强，数据所蕴藏的价值也越大。

1. 大数据的作用

(1)对大数据的处理分析正成为新一代信息技术融合应用的结点。移动互联网、物联网、社交网络、数字家庭、电子商务等是新一代信息技术的应用形态，这些应用不断产生大数据。云计算为这些海量、多样化的大数据提供存储和运算平台。通过对不同来源数据的管理、处理、分析与优化，将结果反馈到上述应用中，将创造出巨大的经济和社会价值。"大数据具有催生社会变革的能量。但释放这种能量，需要严谨的数据治理、富有洞见的数据分析和激发管理创新的环境"（Ramayya Krishnan，卡内基·梅隆大学海因茨学院院长）。

(2) 大数据是信息产业持续高速增长的新引擎。面向大数据市场的新技术、新产品、新服务、新业态会不断涌现。在硬件与集成设备领域，大数据将对芯片、存储产业产生重要影响，还将催生一体化数据存储处理服务器、内存计算等市场。在软件与服务领域，大数据将引发数据快速处理分析、数据挖掘技术和软件产品的发展。

(3) 大数据利用将成为提高核心竞争力的关键因素。各行各业的决策正在从"业务驱动"转变为"数据驱动"。对大数据的分析可以使零售商实时掌握市场动态并迅速做出应对；可以为商家制定更加精准有效的营销策略，并提供决策支持；可以帮助企业为消费者提供更加及时和个性化的服务；在医疗领域，可提高诊断准确性和药物有效性；在公共事业领域，大数据也开始在促进经济发展、维护社会稳定等方面发挥重要的作用。

(4) 大数据时代科学研究的方法手段将发生重大改变。例如，抽样调查是社会科学的基本研究方法。在大数据时代，可通过实时监测、跟踪研究对象在互联网上产生的海量行为数据进行挖掘分析，揭示出规律性的东西，提出研究结论和对策。

综上所述，大数据的作用就是：辅助决策。利用大数据分析，能够总结经验、发现规律、预测趋势，这些都可以为辅助决策服务。

2. 大数据技术架构

各种各样的大数据应用需求迫切需要新的工具和技术来存储、管理和实现商业价值。新的工具、流程和方法支撑起了新的技术架构，使企业能够建立、操作和管理这些超大规模的数据集和储藏数据的存储环境。

在全新的数据增长速度条件下，一切都必须重新评估。这项工作必须从全盘入手，并考虑大数据分析。要容纳数据本身，IT 基础架构必须能够存储比以往更大量、类型更多的数据。此外，还必须能适应数据速度，即数据变化的速度。数量如此大的数据难以在当今的网络连接条件下快速来回移动，所以大数据基础架构必须分布计算能力，以便能在接近用户的位置进行数据分析，减少跨越网络所引起的延迟。企业逐渐认识到必须在数据驻留的位置进行分析、分布这类计算能力，以便为分析工具提供实时响应将带来的挑战。考虑到数据速度和数据量，来回移动数据进行处理是不现实的。相反，计算和分析工具可能会移到数据附近。而且，云计算模式对大数据的成功至关重要。云模型在从大数据中提取商业价值的同时也在驯服它。这种交付模型能为企业提供一种灵活的选择，以实现大数据分析所需的效率、可扩展性、数据便携性和经济性。仅仅存储和提供数据还不够，还必须以新方式合成、分析和关联数据，才能提供商业价值。部分大数据方法要求处理未经建模的数据，因此，可以用毫不相干的数据源比较不同类型的数据和进行模式匹配。这使得大数据分析能以新视角挖掘企业传统数据，并带来传统上未曾分析过的数据洞察力。

大数据的 4 层堆栈式技术架构如图 1-8 所示。

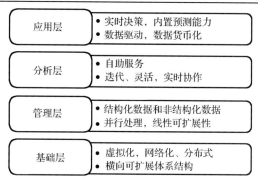

图 1-8　4 层大数据技术架构

（1）基础层。第一层作为整个大数据技术架构基础的最底层，也就是基础层。要实现大数据规模的应用，企业需要一个高度自动化的、可横向扩展的存储和计算平台。这个基础设施需要从以前的存储孤岛发展为具有共享能力的高容量存储池。容量、性能和吞吐量必须可以线性扩展。云模型鼓励访问数据并提供弹性资源池来应对大规模问题，解决了如何存储大量数据以及如何积聚所需的计算资源来操作数据的问题。在云中，数据跨多个节点调配和分布，使得数据更接近需要它的用户，从而缩短响应时间和提高生产率。

（2）管理层。要支持在多源数据上做深层次的分析，大数据技术架构中需要一个管理平台，使结构化和非结构化数据管理为一体，具备实时传送和查询、计算功能。本层既涉及数据的存储和管理，也涉及数据的计算。并行化和分布式是大数据管理平台所必须考虑的要素。

（3）分析层。大数据应用需要大数据分析。分析层提供基于统计学的数据挖掘和机器学习算法，用于分析和解释数据集，帮助企业获得对数据价值深入的领悟。可扩展性强、使用灵活的大数据分析平台更可成为数据科学家的利器，起到事半功倍的效果。

（4）应用层。大数据的价值体现在帮助企业进行决策和为终端用户提供服务的应用。不同的新型商业需求驱动了大数据的应用。反之，大数据应用为企业提供的竞争优势使企业更加重视大数据的价值。新型大数据应用对大数据技术不断提出新的要求，大数据技术也因此在不断的发展变化中日趋成熟。

3. 大数据处理过程

1）数据采集

大数据的采集是指利用多个数据库来接收发自客户端（Web、App 或者传感器形式等）的数据，并且用户可以通过这些数据库来进行简单的查询和处理工作。比如，电商会使用传统的关系型数据库 MySQL 和 Oracle 等来存储每一笔事务数据，除此之外，Redis 和 MongoDB 这样的 NoSQL 数据库也常用于数据的采集。在大数据的采集过程中，其主要特点和面临的挑战是并发数高，因为同时有可能会有成千上万的用户进行访问和操作，比如火车票售票网站和网购网站，它们并发的访问量在峰值时达到上百万，所以需要在采集端部署大量数据库才能支撑。如何在这些数据库之间进行负载均衡和分片的确是需要深入思考和设计的问题。

2) 数据导入和预处理

虽然采集端本身会有很多数据库，但是如果要对这些海量数据进行有效的分析，还是应该将这些来自前端的数据导入一个集中的大型分布式数据库，或者分布式存储集群中，并且可以在导入基础上做一些简单的清洗和预处理工作。也有一些用户会在导入时使用来自 Twitter 的 Storm 对数据进行流式计算，以满足部分业务的实时计算需求。导入与预处理过程的特点和面临的挑战主要是导入的数据量大，每秒钟的导入量经常会达到百兆，甚至千兆级别。

3) 数据统计与分析

统计与分析主要利用分布式数据库，或者分布式计算集群来对存储于其内的海量数据进行普通的分析和分类汇总等，以满足大多数常见的分析需求。在这方面，一些实时性需求会用到 EMC 的 GreenPlum、Oracle 的 Exadata，以及基于 MySQL 的列式存储 Infobright 等，而一些批处理或者基于半结构化数据的需求可以使用 Hadoop。统计与分析这部分的主要特点和面临的挑战是分析涉及的数据量大，其对系统资源，特别是 I/O 会有极大的占用。

4) 数据挖掘

与前面统计和分析过程不同的是，数据挖掘一般没有什么预先设定好的主题，主要是在现有数据上进行基于各种算法的计算，从而起到预测的效果，实现一些高级别数据分析的需求。比较典型的算法有用于聚类的 Kmeans、用于统计学习的 SVM 和用于分类的 NaiveBayes，主要使用的工具有 Hadoop 的 Mahout 等。该过程的特点和面临的挑战主要是用于挖掘的算法很复杂，并且计算涉及的数据量和计算量都很大，所以常用数据挖掘算法都以单线程为主。

5) 数据可视化

数据可视化是研究数据展示、数据处理、决策分析等一系列问题的综合技术。目前正在飞速发展的虚拟现实技术也是以图形图像的可视化技术为依托的数据可视化技术。可视化能够把大数据变为直观的、以图形图像信息表示的、随时间和空间变化的物理现象或物理量呈现在研究者面前，帮助数据挖掘模拟和计算。

整个大数据处理的普遍过程至少应该满足这 5 个方面的步骤，才能算得上是一个比较完整的大数据处理。

4. 大数据的应用

随着大数据的应用越来越广泛，应用的行业也越来越多，每天都会产生大数据的一些新颖的应用，从而帮助人们从中获取真正有用的价值。许多组织或者个人都会受到大数据的剖析影响，大数据可以从各个方面帮助人们挖掘出有价值的信息。

1) 日常生活

大数据不只是应用于企业和政府，同样也适用于每个人。人们可以利用穿着的装备（如智能手表或者智能手环）生成最新的数据，可以凭据自身热量的消耗以及睡眠情况来进行了解身体状况，还可以利用大数据剖析来寻找属于自己的爱情，很多的交友网站就是应用大数据工具来帮助需要的人匹配合适的对象。

2) 金融领域

大数据所带来的社会变革已经深入人们生活的各个方面,同样,金融创新也离不开大数据,如日常的出行、购物、运动、理财等。金融业面临众多前所未有的跨界竞争对手,市场格局、业务流程将发生巨大改变。未来的金融业将开展新一轮围绕大数据的 IT 建设投资。中国金融行业已经步入大数据时代,优秀的数据分析能力是当今金融市场创新的关键,资本管理、交易执行、安全和反欺诈等相关的数据洞察力将成为金融企业运作和发展的核心竞争力。

3) 客户行为分析

大数据的应用在这一领域是最广为人知的,重点是怎样应用大数据更好地了解客户以及他们的喜好和行为。企业热衷于搜集用户社交方面的数据、浏览器的日志,剖析出文本和传感器的数据,以更加全面地了解客户。在通常情况下,创建出数据模型进行预测。比如,美国的著名零售商 Target 就是通过大数据的剖析,获得有价值的信息,精准地预测到客户在什么时间想生育小孩。另外,通过大数据的应用,电信公司可以更好地预测流失的客户,沃尔玛公司则会更加精准地预测哪个产品会大卖,汽车保险行业会了解客户的需求和驾驶水平,政府也能了解到居民的偏好。

4) 业务领域

大数据能更多地帮助优化业务流程。物联网和大数据将成为产业新价值,可以利用社交媒体数据、网络搜索以及天气预报挖掘出有价值的数据。大数据的应用最广泛的就是供应链以及配送路线的优化,在这两个方面,运用地理定位和无线电频率识别追踪货物和送货车,利用实时交通路线数据制定更加优化的运输路线。人力资源业务也可通过大数据的分析来进行改进,其中包括人才招聘的优化。

5) 安防领域

作为信息时代海量数据的来源之一,视频监控产生了巨大的信息数据。物联网在安防领域应用无处不在,特别是近几年,随着平安城市、智能交通等行业的快速发展,大集成、大联网、云技术推动安防行业进入大数据时代,安防行业大数据的存在已经被越来越多的人熟知,特别是安防行业海量的非结构化视频数据,以及飞速增长的特征数据,引发了大数据应用的一系列问题。

6) 能源领域

能源大数据理念是将电力、石油、燃气等能源领域数据及人口、地理、气象等其他领域数据进行综合采集、处理、分析与应用的相关技术与思想。能源大数据不仅是大数据技术在能源领域的深入应用,也是能源生产、消费及相关技术革命与大数据理念的深度融合,将加速推进能源产业发展及商业模式创新。

7) 医疗领域

大数据分析应用的计算能力可以在几分钟内就解码人体整个 DNA,并且可以制定出最新的治疗方案,同时可以更好地理解和预测疾病。就好像人们戴上智能手表等所产生的数据一样，大数据同样可以帮助医生对于病人的病情进行更好的治疗。在医疗领域中，物联网的重大作用就表现在大数据上。大数据技术目前已经在医院应用于监视早产婴儿和患病婴儿的情况，通过记录和分析婴儿的心跳数据，医生针对婴儿的身体可能会出现的不适症状做出预测，这样可以更好地救助婴儿。

8）创新城市管理

在进行城市产业布局规划时，将统计信息、业务信息、空间地理信息、交通信息、环保信息等数据进行综合分析，从招商引资、环境影响、交通情况等多个角度进行评估，使城市规划和管理更为科学，也更为有效。

5. 大数据发展趋势

1）数据的资源化

资源化是指大数据成为企业和社会关注的重要战略资源，并已成为大家争相抢夺的新焦点。因而，企业必须提前制定大数据营销战略计划，抢占市场先机。

2）与云计算的深度结合

大数据离不开云处理，云处理为大数据提供了弹性可拓展的基础设备，是产生大数据的平台之一。自2013年开始，大数据技术已开始和云计算技术紧密结合，未来两者关系将更为密切。除此之外，物联网、移动互联网等新兴计算形态也将一齐助力大数据革命，让大数据营销发挥出更大的影响力。

3）科学理论的突破

随着大数据的快速发展，就像计算机和互联网一样，大数据很有可能是新一轮的技术革命。随之兴起的数据挖掘、机器学习和人工智能等相关技术，可能会改变数据世界里的很多算法和基础理论，实现科学技术上的突破。

4）数据科学和数据联盟的成立

未来，数据科学将成为一门专门的学科，被越来越多的人所认知。各大高校将设立专门的数据科学类专业，也会催生一批与之相关的新的就业岗位。与此同时，基于数据这个基础平台，也将建立起跨领域的数据共享平台，之后，数据共享将扩展到企业层面，并且成为未来产业的核心一环。

5）数据泄露泛滥

未来几年，数据泄露事件的增长率也许会达到100%，除非数据在其源头就能够得到安全保障。可以说，在未来，每个财富500强企业都会面临数据攻击，无论它们是否已经做好安全防范。而所有企业，无论规模大小，都需要重新审视今天的安全定义。在财富500强企业中，超过50%的企业将会设置首席信息安全官这一职位。企业需要从新的角度来确保自身以及客户数据安全，所有数据在创建之初便需要获得安全保障，而并非在数据保存的最后一个环节，仅仅加强后者的安全措施已被证明于事无补。

6）数据管理成为核心竞争力

数据管理成为核心竞争力，直接影响财务表现。当"数据资产是企业核心资产"的概念深入人心之后，企业对于数据管理便有了更清晰的界定，将数据管理作为企业核心竞争力，持续发展，战略性规划与运用数据资产，成为企业数据管理的核心。数据资产管理效率与主营业务收入增长率、销售收入增长率显著正相关。此外，对于具有互联网思维的企业而言，数据资产竞争力所占比重为 36.8%，数据资产的管理效果将直接影响企业的财务表现。

7) 数据质量是商业智能成功的关键

采用自助式商业智能(BI)工具进行大数据处理的企业将会脱颖而出。其中要面临的一个挑战是，很多数据源会带来大量低质量数据。想要成功，企业需要理解原始数据与数据分析之间的差距，从而消除低质量数据，并通过 BI 获得更佳决策。

8) 数据生态系统复合化程度加强

大数据的世界不只是一个单一的、巨大的计算机网络，而是一个由大量活动构件与多元参与者元素所构成的生态系统，即由终端设备提供商、基础设施提供商、网络服务提供商、网络接入服务提供商、数据服务使能者、数据服务提供商、触点服务、数据服务零售商等一系列的参与者共同构建的生态系统。而今，这样一套数据生态系统的基本雏形已经形成，接下来的发展将趋向于系统内部角色的细分，也就是市场的细分；系统机制的调整，也就是商业模式的创新；系统结构的调整，也就是竞争环境的调整等。从而使得数据生态系统复合化程度逐渐增强。

1.4.4 云计算

云计算(Cloud Computing)是一种按使用量付费的模式，这种模式提供可用的、便捷的、按需的网络访问。进入可配置的计算资源共享池(资源包括网络、服务器、存储、应用软件、服务)，这些资源能够被快速提供，只需投入很少的管理工作，或与服务供应商进行很少的交互(引自美国国家标准与技术研究院 NIST)。

云计算是基于互联网的相关服务的增加、使用和交付模式，通常涉及通过互联网来提供动态易扩展且经常是虚拟化的资源。云是网络、互联网的一种比喻说法。过去在图中往往用云来表示电信网，后来也用来表示互联网和底层基础设施的抽象。云计算甚至可以让你体验每秒 10 万亿次的运算能力，拥有这么强大的计算能力可以模拟核爆炸、预测气候变化和市场发展趋势。用户通过个人计算机、笔记本电脑、手机等方式接入数据中心，按自己的需求进行运算。它意味着计算能力也可以作为一种商品进行流通，就像煤气、水、电一样，取用方便，费用低廉。最大的不同在于，它是通过互联网进行传输的。

云计算具有如下特点。

1. 超大规模

"云"具有相当大的规模，早在 2013 年，Google 云计算的服务器数量就已超过百万，Amazon、IBM、微软、Yahoo 等的"云"也均拥有百万台服务器。企业私有云一般拥有数百上千台服务器。"云"能赋予用户前所未有的计算能力。

2. 虚拟化

云计算支持用户在任意位置、使用各种终端获取应用服务。所请求的资源来自"云"，而不是固定的、有形的实体。应用软件在"云"中某处运行，但实际上用户无须了解、也不用担心应用运行的具体位置。只需要一台笔记本电脑或者一个手机，就可以通过网络服务来实现我们需要的一切，甚至包括超级计算这样的任务。

3. 高可靠性

"云"使用了数据多副本容错、计算节点同构可互换等措施来保障服务的高可靠性，使用云计算比使用本地计算机更可靠。

4. 通用性

云计算不针对特定的应用，在"云"的支撑下可以构造出千变万化的应用，同一个"云"可以同时支撑不同的应用软件运行。

5. 高可扩展性

"云"的规模可以动态伸缩，满足应用软件和用户规模增长的需要。

6. 按需服务

"云"是一个庞大的资源池，可按需购买；云可以像自来水、电、煤气那样计量收费。

7. 极其廉价

由于"云"的特殊容错措施，可以采用极其廉价的节点来构成云。"云"的自动化集中式管理使大量企业无须负担日益高昂的数据中心管理成本，"云"的通用性使资源的利用率较之传统系统大幅提升，因此用户可以充分享受"云"的低成本优势，经常只要花费几百元、几天时间，就能完成以前需要数万元、数月时间才能完成的任务。

云计算可以彻底改变未来人们的生活，但同时也要重视环境问题，这样才能真正为人类进步做贡献，而不仅只是简单的技术提升。

8. 潜在的危险性

云计算服务除了提供计算服务外，还必然提供了存储服务。但是云计算服务当前垄断在私人机构(企业)手中，而它们仅仅能够提供商业信用。对于政府机构、商业机构(特别像银行这样持有敏感数据的商业机构)对于选择云计算服务应保持足够的警惕。一方面，一旦商业用户大规模使用私人机构提供的云计算服务，无论其技术优势有多强，都不可避免地存在这些私人机构以"数据(信息)"的重要性挟制整个社会的风险。对于信息社会而言，"信息"是至关重要的。另一方面，云计算中的数据对于数据所有者以外的其他用户云计算用户是保密的，但是对于提供云计算的商业机构而言确实毫无秘密可言。

所有这些潜在的危险是商业机构和政府机构选择云计算服务、特别是国外机构提供的云计算服务时，不得不考虑的重要的前提。

1.4.5　大数据与云计算

大数据与云计算的关键词在于"整合"，无论你是通过现在已经很成熟的传统的虚拟机切分型技术，还是通过 Google 后来所使用的海量节点聚合型技术，都是将海量的服务器资源通过网络进行整合，调度分配给用户，从而解决用户因为存储计算资源不足所带来的问题。

大数据正是因为数据的爆发式增长带来的一个新的课题内容，如何存储如今互联网时代所产生的海量数据，如何有效地利用分析这些数据等。而云计算技术就是一个容器，大数据正是存放在这个容器中的"水"，大数据是要依靠云计算技术来进行存储和计算的。

(1) 云计算是提取大数据的前提。在信息社会，数据量在不断增长，技术在不断进步，大部分企业都能通过大数据获得额外利益。在海量数据的前提下，如果提取、处理和利用数据的成本超过了数据价值本身，那么有价值相当于没价值。来自公有云、私有云以及混合云之上的强大的云计算能力，对于降低数据提取过程中的成本不可或缺。

(2) 云计算是过滤无用信息的"神器"。一般而言，首次收集的数据中的90%属于无用数据，因此需要过滤出能为企业提供经济利益的可用数据。在大量无用数据中，重点需过滤出两大类，一是大量存储的临时信息，几乎不存在投入的必要；二是从公司防火墙外部接入内部的网络数据，其价值极低。云计算可以提供按需扩展的计算和存储资源，可用来过滤掉无用数据，其中公有云是处理防火墙外部网络数据的最佳选择。

(3) 云计算可高效分析数据。数据分析阶段，可引入公有云和混合云技术。此外，类似 Hadoop 的分布式处理软件平台可用于数据集中处理阶段。当完成数据分析后，提供分析的原始数据不需要一直保留，可以使用私有云把分析处理的结果，即可用信息导入公司内部。

(4) 云计算助力企业管理虚拟化。可用信息最终用来指导决策，通过将软件即服务应用于云平台中，可将可用信息转化到企业现有系统中，帮助企业强化管理模式。

上升到我国互联网整体发展层面，虽然我国在互联网服务方面具有领先的优势，然而，越来越多的企业认识到，与云计算的结合将使大数据分析变得更简单。未来几年，如能在大数据与云计算结合领域进行深入探索，将使我们在全球市场更具竞争力，这是非常关键的问题。

1.5　计算机在各个领域中的应用

计算机的应用领域已渗透到社会的各行各业，正在改变传统的工作、学习和生活方式，推动着社会的发展。

1. 科学计算

科学计算即是数值计算，科学计算是指应用计算机处理科学研究和工程技术中所遇到的数学计算。在现代科学和工程技术中，经常会遇到大量复杂的数学计算问题，这些问题用一般的计算工具来解决非常困难，而用计算机来处理却非常容易。

自然科学规律通常用各种类型的数学方程式表达，科学计算的目的就是寻找这些方程式的数值解。这种计算涉及庞大的运算量，简单的计算工具难以胜任。在计算机出现之前，科学研究和工程设计主要依靠实验提供数据，计算仅处于辅助地位。计算机的迅速发展，使越来越多的复杂计算成为可能。利用计算机进行科学计算带来了巨大的经济效益，同时也使科学技术本身发生了根本变化：传统的科学技术只包括理论和实验两个组成部分，使用计算机后，计算已成为同等重要的第三个组成部分。

2. 数据处理

数据处理是对各种数据进行收集、存储、整理、分类、统计、加工、利用、传播等一系列活动的统称。据统计，80%以上的计算机主要用于数据处理，这类工作量大、涉及面宽，决定了计算机应用的主导方向。

数据处理从简单到复杂已经历了 3 个发展阶段，它们是：

(1) 电子数据处理(Electronic Data Processing，EDP)，以文件系统为手段，实现一个部门内的单项管理。

(2) 管理信息系统(Management Information System，MIS)，以数据库技术为工具，实现一个部门的全面管理，以提高工作效率。

(3) 决策支持系统(Decision Support System，DSS)，以数据库、模型库和方法库为基础，帮助管理决策者提高决策水平，改善运营策略的正确性与有效性。

数据处理系统已广泛地用于各种企业和事业单位，内容涉及薪金支付，票据收发、信贷和库存管理、生产调度、计划管理、销售分析等。它能产生操作报告、金融分析报告和统计报告等。数据处理技术涉及文卷系统、数据库管理系统、分布式数据处理系统等方面的技术。

此外，由于数据或信息大量地应用于各种各样的企业和事业机构，从而在工业化社会中形成一个独立的信息处理业。数据和信息本身已经成为人类社会中极其宝贵的资源。信息处理业对这些资源进行整理和开发，借以推动信息化社会的发展。

3. 辅助技术

计算机辅助技术包括 CAD、CAM 和 CAI 等。

1) 计算机辅助设计

计算机辅助设计(Computer Aided Design，CAD)是利用计算机系统辅助设计人员进行工程或产品设计，以实现最佳设计效果的一种技术。它已广泛地应用于飞机、汽车、机械、电子、建筑和轻工等领域。例如，在电子计算机的设计过程中，利用 CAD 技术进行体系结构模拟、逻辑模拟、插件划分、自动布线等，从而大大提高了设计工作的自动化程度。又如，在建筑设计过程中，可以利用 CAD 技术进行力学计算、结构计算、绘制建筑图纸等，这样不但提高了设计速度，而且可以大大提高设计质量。

2）计算机辅助制造

计算机辅助制造（Computer Aided Manufacturing，CAM）是利用计算机系统进行生产设备的管理、控制和操作的过程。例如，在产品的制造过程中，用计算机控制机器的运行，处理生产过程中所需的数据，控制和处理材料的流动以及对产品进行检测等。使用 CAM 技术可以提高产品质量，降低成本，缩短生产周期，提高生产率和改善劳动条件。将 CAD 和 CAM 技术集成，实现设计生产自动化，这种技术称为计算机集成制造系统（CIMS），可真正实现无人化工厂（或车间）。

3）计算机辅助教学

计算机辅助教学（Computer Aided Instruction，CAI）是利用计算机系统使用课件来进行教学。课件可以用著作工具或高级语言来开发制作，它能引导学生循序渐进地学习，使学生轻松自如地从课件中学到所需要的知识。CAI 的主要特色是交互教育、个别指导和因人施教。

4. 过程控制

过程控制是利用计算机对工艺过程的温度、压力、流量、成分、电压、几何尺寸等物理量和化学量进行控制，按最优值迅速地对控制对象进行自动调节或自动控制。采用计算机进行过程控制，可以保证生产过程稳定，防止发生事故；保证产品质量；节约原料、能源消耗，降低成本；提高劳动生产率，充分发挥设备潜力；减轻劳动强度，改善劳动条件。因此，计算机过程控制已在汽车、机械、冶金、石油、化工、纺织、水电、航天等部门得到广泛的应用。

例如，在汽车工业方面，利用计算机控制机床，控制整个装配流水线，不仅可以实现精度要求高、形状复杂的零件加工的自动化，而且可以使整个车间或工厂实现自动化。

5. 人工智能

人工智能（Artificial Intelligence，AI）是用计算机模拟人类的某些智能活动与行为，如情感、思维、推理、学习、理解、问题求解等，是处于计算机应用研究最前沿的学科。人工智能企图了解智能的实质，并生产出一种新的、能以人类智能相似的方式做出反应的智能机器，该领域的研究包括机器人、语言识别、图像识别、自然语言处理和专家系统等。现在，人工智能的研究已取得不少成果，理论和技术日益成熟，应用领域也不断扩大。可以设想，未来人工智能带来的科技产品，将会是人类智慧的"容器"。人工智能可以对人的意识、思维的信息过程进行模拟。虽然人工智能不是人的智能，但能像人那样思考，也可能超过人的智能。

6. 网络应用

计算机技术和数字通信技术的发展和融合产生了计算机网络。通过计算机网络，多个独立的计算机系统联系在一起，不同地域、不同国家、不同行业、不同组织的人们联系在一起，网络缩短了人们之间的距离，改变了人们的工作方式。计算机网络的建立，不仅解决了计算机与计算机之间的通信，各种软、硬件资源的共享，也大大促进了国际间的文字、图像、视频和声音等各类数据的传输与处理。计算机网络的发展和应用正在逐步改变着各行各业人们的工作与生活方式。

1.6　思考与练习

1. 请概述数据、信息、知识、智慧的定义。
2. 请举例简述数据、信息、知识、智慧之间的区别与联系。
3. 什么是范式？科学研究经历了哪几种范式？简述范式的主要内容。
4. 什么是云计算？它的基本特征是什么？
5. 什么是大数据？它的基本特征是什么？

第2章　数据处理分析工具 Excel 概述

如前文所述，数据处理分析系统已渗透到当今每一个行业和业务职能领域，成为重要的生产因素。人们对于数据的挖掘和运用，预示着新一波生产率增长和消费者盈余浪潮的到来。在大数据时代已经到来的时候，亟待人们运用数据思维和数据处理分析工具去挖掘数据的潜在价值。

新时代数据具有高数据量、高维度与异构化的特点，除了具备分析方法和分析思路外，也需要数据处理分析工具作为深入数据研究的重要助力。从应用角度而言，数据库管理系统有 Access、SQL Server、DB2、Oracle 等；数据处理分析工具有 Excel、Access、SPSS、SAS 等。在传统数据处理分析及商业统计中，人们更广泛地运用 Excel 电子表格。本章着重讲解 Excel，Access 在第 7 章讲解。

Microsoft Excel 是目前最流行的电子表格处理软件，它提供了进行各种数据处理、统计分析和辅助决策的操作环境和多种工具，广泛应用于专业的金融、财务、统计、审计、行政，以及处理个人事务处理等数据管理领域。Excel 电子表格由 Microsoft 公司开发设计，是 Microsoft Office 的系列组件之一，是公认的 Microsoft Office 应用最广泛的中心组件。

2.1　Excel 工作环境

执行"开始"→"程序"→Microsoft Office，找到 Excel 快捷键，也可以通过 Windows 桌面快捷方式来启动 Excel，其工作界面如图 2-1 所示。Excel 的窗口主要包括标题栏、功能选项卡、功能区、名称框、编辑栏、行号、列标、工作表标签、状态栏、滚动条和工作区等。

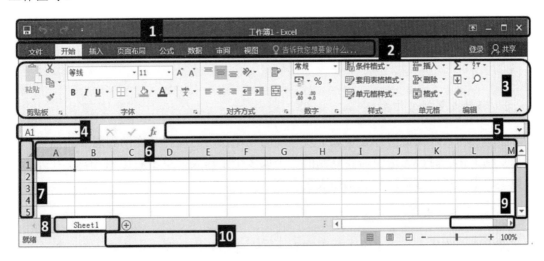

图 2-1　Excel 工作界面

Excel 工作界面各部分名称及功能如表 2-1 所示。

表 2-1　Excel 工作界面说明

名称	功能说明
1. 标题栏	Excel 窗口的最上方，由快速访问工具栏、工作簿名称和窗口控制按钮组成
2. 选项卡	Excel 启动后，默认开始、插入、页面布局、公式、数据、审阅、视图、告诉我您想要做什么 8 个选项卡
3. 功能区	用于帮助用户快速完成某项操作的命令，当内容太多导致窗口无法全部显示的时候，可以通过拖动滚动条或单击箭头按钮来调整显示窗口的内容
4. 名称框	用于显示选择的单元格名称，当选择某一单元格后，名称框中即显示该单元格的列标和行号
5. 编辑栏	用于显示或编辑所选单元格中的内容
6. 列标	用于对工作表的列进行命名，用 A、B、D、…的形式进行编号
7. 行号	用于对工作表的行进行命名，用 1、2、3、…的形式进行编号
8. 工作表标签	用于显示工作表的名称，它可由用户进行添加、移动复制、重命名和删除等操作
9. 滚动条	分为垂直滚动条和水平滚动条两种，当工作区内容太多，窗口无法全部显示时，可以通过它们来调整显示窗口中的内容
10.状态栏	在窗口最底部，主要包含视图切换区和比例缩放区。状态栏中还可以展现出当前操作的各种相关信息

2.2　数据表概述

2.2.1　工作簿和工作表

工作簿是用于存储并处理数据的文件，其扩展名为 xlsx。启动 Excel 后，会自动打开一个包含 1 张空白工作表的空白工作簿，其默认名为"工作簿 1"。

工作表是显示在工作簿窗口中的表格，Excel 默认一个工作簿有一个工作表，默认名为"Sheet1"。

工作表有如下基本操作。

1. 新建工作表

新建工作表最快捷的方法是在现有工作表的末尾单击屏幕底部的"新建工作表"按钮。

2. 移动或复制工作表

移动工作表最快捷的方式是选中要移动的工作表，然后将其拖动到想要的位置。

复制工作表时，先选中需要复制的一个或多个工作表，单击右键(右击)，在弹出的快捷菜单中选择"移动或复制工作表"命令。

3. 删除工作表

选中要删除的一个或多个工作表，右击，在弹出的快捷菜单中选择"删除"命令。

4. 重命名工作表

选中要重命名的工作表，右击，在弹出的快捷菜单中选择"重命名"命令，或者双击工作表标签，均可对工作表表标进行重命名。

5. 改变工作表标签颜色

选中要改变标签颜色的工作表，右击，在弹出的快捷菜单中选择"工作表标签颜色"命令。

6. 更改新工作簿中的默认工作表数

选择"文件"→"选项"命令，然后在"常规"类别中的"新建工作簿时"下的"包含的工作表数"文本框中，输入新建工作簿时默认情况下包含的工作表数。默认新建工作表数最少为 1，最多为 255。

2.2.2　行和列

每个工作表由 16384(2^{14}) 列和 1048576(2^{20}) 行组成。每个网格称为一个单元格，每个单元格的名字由其所在的列标和行号表示，如：A9、D12 等。行的编号从 1 到 1048576，列的编号依次用字母 A、B…XFD 表示，行号显示在工作簿窗口的左边，列号显示在工作簿窗口的上边。

在 Excel 中，要使用数据管理功能来实现筛选、排序、分类汇总以及一些分析操作，需要将电子表格创建为数据清单。数据清单是一个二维表，表中包含多行多列，其中，第一行是标题行，其他行是数据行。一列称为一个字段，一行数据称为一个记录。在数据清单中，行和行之间不能有空行，同一列的数据具有相同的类型和含义。建立数据清单时，可以直接在工作表中输入标题行和输入数据来建立。

2.2.3　单元格

工作表内的方格称为"单元格"，所输入的数据便是排放在一个个的单元格中。在工作表的上面有每一栏的"列标题"A、B、C、…，左边则有各列的"行标题"1、2、3、…，将列标题和行标题组合起来，就是单元格的"地址编号"。例如，工作表最左上角的单元格位于第 A 列第 1 行，其地址编号便是 A1，同理，F 列的第 5 行单元格，其地址编号是 F5。

单元格是 Excel 存储数据的基本单位，在工作表中单击某个单元格，此单元格的边框行号和列标都会突出显示，称为活动单元格，是当前操作的对象。

2.3　操　作　原　则

2.3.1　基本原则

使用 Excel 表格的目的就是对基础数据进行加工分析后，整理出需要的信息，然后制作出报表，提交给信息的最终使用者。其数据处理完整流程包括：数据输入、数据存储、数据加工、报表输出。当数据量较大时，各环节中最关键、最复杂，甚至直接决定最终报表质量的就是数据加工环节，因而，进行 Excel 表格设计时，就要一切以数据加工为中心，始终以为数据加工服务为原则。基于此，在 Excel 表格设计时要遵循以下基本原则。

1. 数据管理原则

要有良好的数据管理理念，理清数据处理的步骤。先根据数据量的大小确定需要使用何种类型表格，再确定表格的整体结构、布局。

2. 一致性原则

在 Excel 表格设计时，一个对象只能有一个名称，同一对象的名称在任何表格、任何人员、任何部门里、集团内的任何公司间都要保持一致，以便数据引用。同时，相同的表格其格式必须保持相同，以便统计汇总数据。

3. 规范性原则

Excel 要求名称规范、格式规范。表格中的各类数据使用规范的格式，如数字就使用常规或数值型的格式，日期型数据不能输入"20170106""2017.1.6""12.1.6"等不规范的格式。

4. 整体性原则

同一事项同一类型的工作表放在同一个工作簿中，同一类工作簿放在同一文件夹内，以便于统计分析数据、编辑修改公式。

5. 安全性原则

数据输入时可使用数据有效性校验输入数据；要分发的表格要保护工作表，仅允许其他用户修改可以修改的单元格；如果引用了其他工作簿的数据，在不需要链接时就应断开链接，以免源表格被删除或移动后，造成本表数据丢失。另外还要养成定期备份数据的习惯。

6. 可扩展性原则

编辑的公式应有良好的扩展性。表格名称应规范、有规律，单元格引用时应正确使用相对引用、绝对引用，以便使用鼠标填充公式。

2.3.2　选择操作

1. 选取多个单元格

在单元格内按一下鼠标左键，可选取该单元格；若要一次选取多个相邻的单元格，可将鼠标指在欲选取范围的第 1 个单元格，然后按住鼠标左键拖曳到欲选取范围的最后一个单元格，最后再放开左键。

假设选取 A3 到 D6 这个范围，选取的单元格范围会以范围左上角及右下角的单元格位置来表示。若要取消选取范围，只要在工作表内单击任一个单元格即可。

2. 选取不连续的多个范围

如果要选取多个不连续的单元格范围，如 B2:D2、A3:A5，先选取 B2:D2 范围，然后按住 Ctrl 键，再选取第 2 个范围 A3:A5，选好后再放开 Ctrl 键，就可以同时选取多个单元格范围了。

3. 选取整行或整列

要选取整行或整列，只要在行编号或列编号上单击鼠标左键，即可选取整行或整列。

4. 选取整张工作表

若要选取整张工作表，单击左上角的"全选"按钮即可一次选取所有的单元格，也可使用 Ctrl+A 组合键进行全选。

2.3.3 编辑操作

1. 输入数据

在当前活动单元格，选择自己习惯的输入法从键盘直接输入，结束时按 Enter 键、Tab 键，或单击编辑栏的"输入"按钮。如果放弃输入，按 Esc 键或单击编辑栏的"取消"按钮。输入数据的类型和输入说明如表 2-2 所示。

表 2-2　Excel 输入数据类型

数据类型	实例	说　　　明
文本	中华人民共和国	直接输入，单元格内可按 Alt+Enter 组合键强制换行
数值	−365.5	正数无需输"+"号，负数需输入"−"号
分数	0 2/3	单元格中输入 0 和空格，然后输入 2/3
日期	2017/08/01 2017-08-01	年、月、日之间用"/"号或"−"号隔开
时间	10:26:35	时、分、秒之间用冒号隔开
长数字	123456789012 转换为 1.23457E+11	输入数字整数部分超过 11 位，则自动转换为科学计数法
数字文本	身份证号	将数字作为文本，可在数字前加英文单引号"'"

例 1：创建一个名为"教师基本信息表.xlsx"工作簿文件，如图 2-2 所示；在 Sheet1 工作表中输入"教师基本信息表"数据；在 Sheet2 工作表中输入"职称补贴表"数据，如图 2-3 所示。注意各种数据类型的异同。

图 2-2　教师基本信息表

	A	B
1	**职称补贴表**	
2	职称	补贴率
3	教授	80%
4	副教授	70%
5	讲师	50%
6	助教	30%

图 2-3　职称补贴表

2. 设置数据验证

设置"数据验证"可以提高输入速度，防止错误数据的录入。主要有两种用法：限制数据输入范围和自定义下拉列表。具体操作步骤如下。

1) 限制数据输入范围

例 2：对"教师基本信息表"中 E3:E12 年龄列设置数据验证，要求年龄数据录入为 18～100。

该题操作步骤如下：

(1) 单击菜单中的"数据"→"数据工具"→"数据验证"；

(2) 在弹出的页面中"设置"菜单下单击"允许"下"整数"按钮；

(3) 在"数据"下选择"介于"按钮；

(4) 在"最小值"下输入 18，在"最大值"下输入 100，如图 2-4 所示。

图 2-4　数据验证（限制数据输入范围）

如果用户输入年龄数据超出 18～100 范围，Excel 会弹出如图 2-5 所示数据验证警示对话框，提示数据超出输入范围，需重新输入。

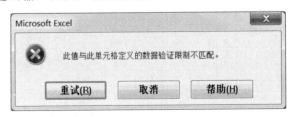

图 2-5　数据验证警示对话框

2)自定义下拉列表

例 3: 将"教师基本信息表"中 C3:C12 性别列设置成自定义下拉列表,要求可选项为"男"或"女"。

该题操作步骤如下:

(1)单击菜单中的"数据"→"数据工具"→"数据验证";

(2)在弹出的页面中"设置"菜单下,单击"允许"下"序列"按钮;

(3)在"来源"下输入"男,女"(注意是英文逗号),设置如图 2-6 所示。

图 2-6　数据验证(自定义下拉列表)

完成效果如图 2-7 所示。

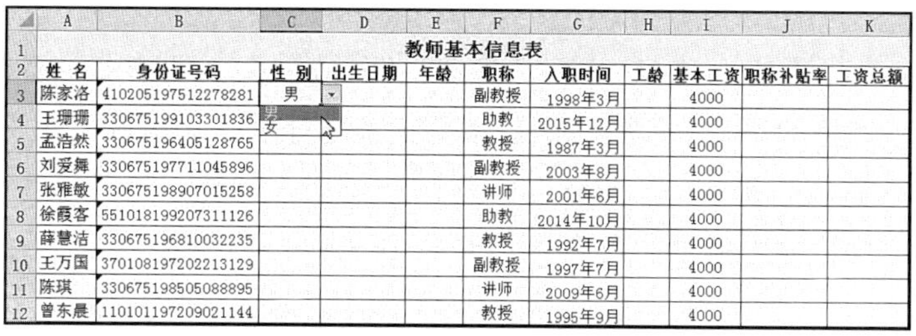

图 2-7　性别列设置下拉列表

2. 移动与复制单元格

移动操作会移走除单元格本身之外的所有信息,包括公式及其结果值、单元格格式和批注等,粘贴时也包括所有信息。复制操作时将单元格中的数据复制到其他单元格,原数据将继续保留在原单元格中。

1)剪贴板操作方法

移动单元格时,选中要移动的单元格或单元格区域,单击"开始"选项卡上的"剪贴板"功能区的"剪切"按钮(可使用 Ctrl+X 组合键)。选中目标单元格,再单击"粘贴"按钮(可使用 Ctrl+V 组合键)即可。在移动公式时,无论使用哪种单元格引用,公式内的单元格引用都不会更改。

复制单元格时，选中要复制的单元格或单元格区域，单击"开始"选项卡上的"剪贴板"功能区的"复制"按钮(可使用 Ctrl+C 组合键)。选中目标单元格，再单击"粘贴"按钮(可使用 Ctrl+V 组合键)即可。

2) 鼠标拖动操作方法

移动单元格时，选中要移动的单元格或单元格区域，直接拖动选区边框到达目标位置。

复制单元格时，选中要移动的单元格或单元格区域，按住 Ctrl 键拖动选区边框到达目标位置。

3. 自动填充

1) 数据的自动填充

通过拖动填充柄，数据的自动填充功能可以把单元格的内容复制到同行或同列的相邻单元格，也可以根据单元格的数据自动产生一串递增或递减序列，操作如图 2-8 所示。

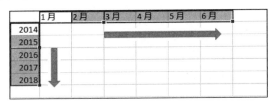

图 2-8   填充柄填充整列、整列数据

2) 序列填充

上面所列的自动填充一般是以列(或以行)为填充对象进行有规律的填充。但对于等比数列或工作日的自动填充，上述方法就很难完成。对于特殊情况可用下面的方法完成：单击"开始"选项卡"编辑"功能区的"填充"按钮，选择"序列"命令，如图 2-9 所示。在"序列"对话框中进行序列有关内容的选择。

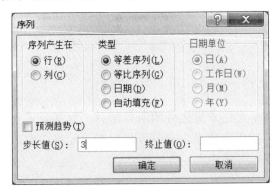

图 2-9   "序列"对话框

3) 自定义序列填充

对于需要经常使用的特殊数据序列，例如一组多次重复使用的字符或中文序列号，可以将其定义为一个序列，在输入表格数据时，可使用"自动填充"功能，将数据自动

输入工作表中。使用自动填充功能之前，必须利用"自定义序列"增加本次要输入的数据系列。操作步骤如下：

(1)选择"文件"→"选项"命令，弹出"Excel 选项"对话框；

(2)选择"Excel 选项"对话框中的"高级"选项，在右侧窗口"常规"选项中单击"编辑自定义列表"按钮，在"自定义序列"窗口中添加序列或导入序列，如图 2-10 所示。

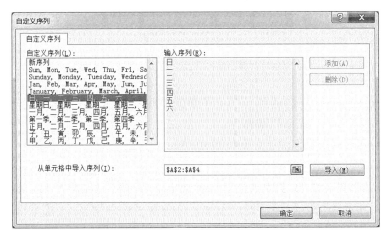

图 2-10　"自定义序列"窗口

4. 查找与替换

如果需要在工作表中查找或者替换一些特定的字符或字符串，可使用 Excel 的查找与替换功能。单击 Excel "编辑"功能区的"查找"按钮，在"查找和替换"对话框中可对工作表进行查找、替换、定位等操作，如图 2-11 所示。它的应用可极大地提高数据编辑和数据处理的效率。

图 2-11　"查找和替换"对话框

2.4　应　用　帮　助

使用 Excel 时往往会遇到各种各样的问题，尤其对新手来说更是如此。如找不到命令按钮的位置，不确定某个效果使用什么方法来实现，甚至有时可能根本不知道功能区中某个按钮的功能是什么。此时，可以使用 Excel 的帮助服务来查询遇到的问题。Excel 提供了强大而高效的帮助服务，用户可以在学习和使用该软件的过程中，随时对疑难问题进行查询。

2.4.1　本机帮助

在使用 Excel 时，难免会遇到一些不了解的命令和操作，这时就可以借助 Excel 的帮助功能快速找到需要的命令和操作。

（1）启动 Excel，按快捷键 F1 直接调用 Excel 帮助，会弹出"帮助"对话框，如图 2-12 所示。

（2）把鼠标指针放置在命令按钮上即可以弹出对该按钮功能的说明。如图 2-13 所示，查看"筛选"按钮的帮助，如果觉得还不够，可查看"详细信息"，接下来在 Excel 中打开帮助文件，可以看见帮助文件中包含大量对当前命令按钮的详细描述和案例。

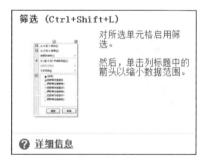

　　　图 2-12　Excel"帮助"对话框　　　　　　图 2-13　"筛选"按钮帮助信息

2.4.2　互联网帮助

可用 Excel 新增的"告诉我您想要做什么…"帮助功能查看帮助文件。例如：单击"告诉我您想要做什么…"，启用帮助功能，如图 2-14 所示。在搜索栏中输入"分类汇总"帮助内容，单击"获取有关分类汇总的帮助"，即可轻松获取该帮助内容。在联网的情况下，Excel 帮助功能将搜索来自互联网的与当前命令按钮相关的帮助信息。

图 2-14　"分类汇总"帮助信息

2.5　思考与练习

1. 什么是"工作簿"?如何在一个工作簿中不同的工作表之间切换?

2. "复制"与"填充"有什么异同?它们各有几种实现的途径?

3. 要使用 Excel 的数据管理功能,对电子表格的创建有什么要求?

4. 遵循 Excel 操作基本原则的意义和作用是什么?

5. 请用 Excel 中"自定义序列"功能,定制"上旬,中旬,下旬"序列。

6. 请创建一个名为"教师基本信息表.xlsx"的工作簿文件,在 Sheet1 工作表中输入如图 2-15 所示数据,在 Sheet2 工作表中输入如图 2-16 所示数据。

	姓 名	身份证号码	性 别	出生日期	年龄	职称	入职时间	工龄	基本工资	职称补贴率	工资总额
	教师基本信息表										
3	陈家洛	410205197512278281				副教授	1998年3月		4000		
4	王珊珊	330675199103301836				助教	2015年12月		4000		
5	孟浩然	330675196405128765				教授	1987年3月		4000		
6	刘爱舞	330675197711045896				副教授	2003年8月		4000		
7	张雅敏	330675198907015258				讲师	2001年6月		4000		
8	徐霞客	551018199207311126				助教	2014年10月		4000		
9	薛慧洁	330675196810032235				教授	1992年7月		4000		
10	王万国	370108197202213129				副教授	1997年7月		4000		
11	陈琪	330675198505088895				讲师	2009年6月		4000		
12	曾东晨	110101197209021144				教授	1995年9月		4000		

图 2-15　教师基本信息表(Sheet1)

	A	B
1	职称补贴表	
2	职称	补贴率
3	教授	80%
4	副教授	70%
5	讲师	50%
6	助教	30%

图 2-16　职称补贴表(Sheet2)

第3章　数据处理常用公式及函数

3.1　公　　式

3.1.1　公式组成

1. 公式的结构

Excel 中的公式由主要由等号(=)、操作符、运算符、函数等组成。公式以等号(=)开始，用于表明之后的字符为公式。紧随等号之后的是需要进行计算的元素(操作数)，各操作数之间以算术运算符分隔。

例如，公式"=(A2+67)/SUM(B2:F2)"中，各部分说明如图 3-1 所示。

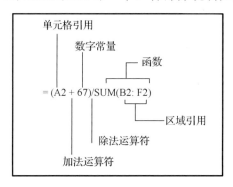

图 3-1　公式各部分说明

该公式的含义为：将 A2 单元格中的数值加上 67；计算 B2 单元格到 F2 单元格的和；两部分相除。

公式的创建步骤如下：

(1)选定即将输入公式的单元格；

(2)直接输入"="或单击编辑栏左侧的"*fx*"按钮；

(3)输入公式具体内容，或者插入函数；

(4)按下 Enter 键，完成公式创建。

2. 公式中的运算符

Excel 包含 4 种类型的运算符：算术运算符、比较运算符、文本运算符和引用运算符。

(1)算术运算符完成基本的数学运算，如表 3-1 所示。

表 3-1　算术运算符

运算符	含义	示例
+ (加号)	加	A1+A2
− (减号)	减	A1 − 10 − A2
* (星号)	乘	B1*3
/ (斜杠)	除	C1/4
% (百分号)	百分比	80%
^ (脱字符)	乘方	3^2 (与 3*3 相同)

(2)比较运算符可以比较两个值的大小。当用操作符比较两个值时，结果为 TRUE 表示"真"，为 FALSE 表示"假"。比较运算符如表 3-2 所示。

表 3-2　比较运算符

比较运算符	含义	示例
= (等号)	等于	A1=B1
> (大于号)	大于	A1>B1
< (小于号)	小于	A1<B1
>= (大于等于号)	大于等于	A1>=B1
<= (小于等于号)	小于等于	A1<=B1
<>(不等于号)	不等于	A1<>B1

(3)文本运算符使用和号(&)连接一个或更多字符串，以得到更大的文本，如表 3-3 所示。

表 3-3　文本运算符

文本运算符	含义	示例
&	将两个文本值连接起来产生一个连续的文本值	="123"&"ABC"结果为"123ABC"

(4)引用运算符用于标明工作表中的单元格或单元格区域，如表 3-4 所示。

表 3-4　引用运算符

引用运算符	含义	示例
:(冒号)	区域运算符对两个引用之间,包括两个引用在内的所有单元格进行引用	A2:B5
,(逗号)	联合操作符将多个引用合并为一个引用	SUM(B5:B15, D5:D15)

3.1.2　单元格引用

1. 相对引用

相对引用指的是公式移动或复制时，公式里的地址相对目的单元格发生变化。

例 1： 如图 3-2 所示，单元格 A6 包含公式=A4+B3，其公式运算结果为 8。现在将单元格 A6 选择后复制到 C5 单元格，请问 C5 单元格结果是多少？

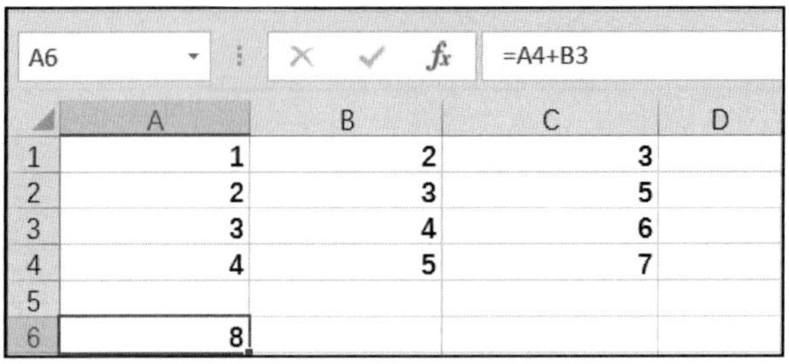

图 3-2　相对引用说明

　　简单分析如表 3-5 所示，单元格 A6 公式复制到单元格 C5，针对公式位置而言，列增加 2 列，行减少 1 行，单元格 A6 里的公式=A4+B3 里的地址要发生同样的变化，即 A4 变化为 C3，B3 变化为 D2，即 C5 单元格公式=C3+D2，如图 3-3 所示。所以，C5 单元格值为 6。

表 3-5　相对引用地址变化表

A6	公式从 A6 复制到 C5，公式位置发生行列变化，公式里的地址要发生同样变化	C5
=A4+B3	列增加 2 行减少 1	=C3+D2
结果为 8		结果为 6

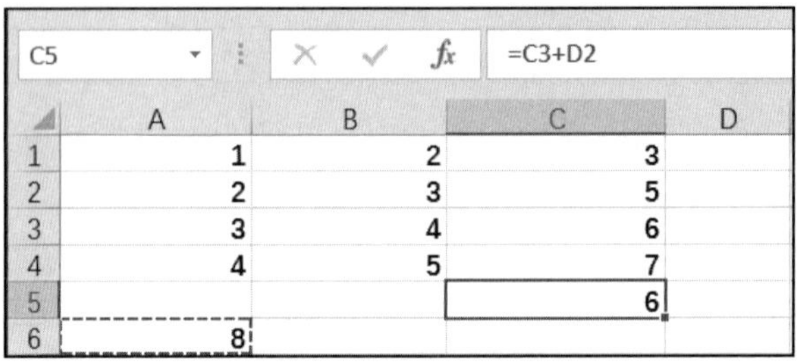

图 3-3　相对引用说明

2. 绝对引用

　　绝对引用指的是公式移动或复制时，公式里的地址相对目的单元格不发生变化。

　　例 2：如图 3-4 所示，单元格 A6 包含公式=$A$4+$B$3，其公式运算结果为 8。现在将单元格 A6 选择后复制到 C5 单元格，请问 C5 单元格结果是多少？

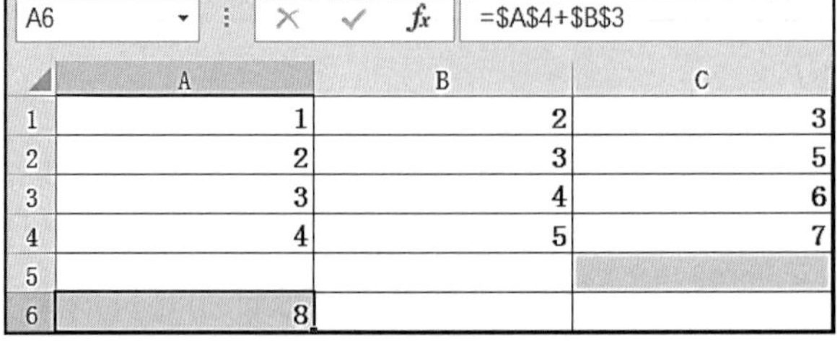

图 3-4　绝对引用说明

　　简单分析如表 3-6 所示，单元格 A6 公式复制到单元格 C5，针对公式位置而言，即使列增加 2 列，行减少 1 行，单元格 A6 里的公式=$A$4+$B$3 里的绝对引用地址不发生任何变化，即 C5 单元格公式依然=$A$4+$B$3，如图 3-5 所示。所以，C5 单元格值为 8。

表 3-6　绝对引用地址变化表

A6	公式从 A6 复制到 C5，公式位置发生行列变化，公式里的绝对地址不发生任何变化	C5
=$A$4+$B$3	列增加 2 行减少 1	=$A$4+$B$3
结果为 8		结果为 8

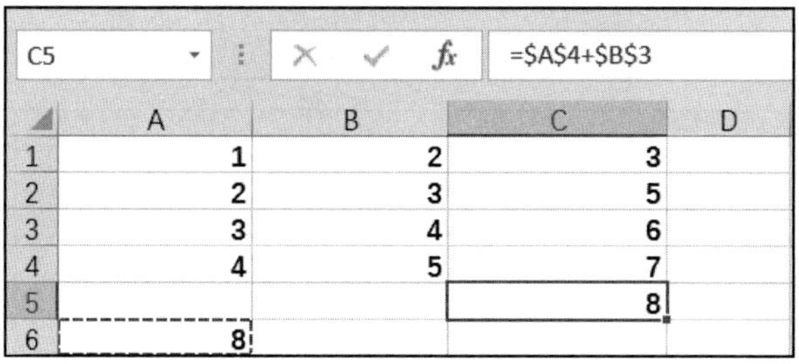
C5　=$A$4+$B$3

	A	B	C	D
1	1	2	3	
2	2	3	5	
3	3	4	6	
4	4	5	7	
5			8	
6	8			

图 3-5　绝对引用说明

3. 相对引用与绝对引用之间的切换

如果创建了一个公式并希望将相对引用更改为绝对引用(反之亦然),操作步骤如下。

(1)选定包含该公式的单元格。

(2)在编辑栏中选择要更改的引用并按 F4 键。

(3)每次按 F4 键时，Excel 会在以下组合间切换：

① 绝对列与绝对行(如$A$1)；

② 相对列与绝对行(A$1)；

③ 绝对列与相对行($C1)。

4. 混合引用

混合引用是指公式中参数的行采用相对引用、列采用绝对引用，或者列采用相对引用、行采用绝对引用，如$A1、A$1。在这种情况下，相对引用地址的行和列会随公式位置的变化而变化，绝对引用地址的行和列不随公式位置的变化而变化。

例 3：如图 3-6 所示，单元格 A6 包含公式=$A4+B$3，其公式运算结果为 8。现在将单元格 A6 选择后复制到 C5 单元格，请问 C5 单元格结果是多少？

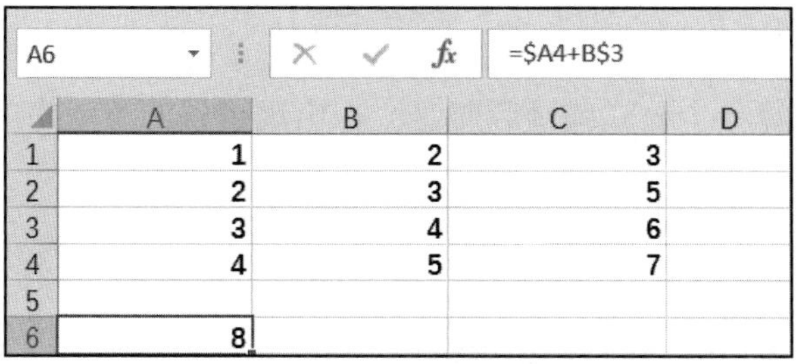
A6　=$A4+B$3

	A	B	C	D
1	1	2	3	
2	2	3	5	
3	3	4	6	
4	4	5	7	
5				
6	8			

图 3-6　混合引用说明

简单分析如表 3-7 所示，单元格 A6 公式复制到单元格 C5，针对公式位置而言，列增加 2 列，行减少 1 行，单元格 A6 里的公式=$A4+B$3 里的地址要发生相应的变化，即 $A4 变化为$A3，B$3 变化为 D$3，即 C5 单元格公式=$A3+D$3，如图 3-7 所示，所以，C5 单元格值为 3。

表 3-7　混合引用地址变化表

A6	公式从 A6 复制到 C5，公式位置发生行列变化，公式里的相对引用行与列要发生相应变化	C5
=$A4+B$3	列增加 2 行减少 1	=$A3+D$3
结果为 8		结果为 3

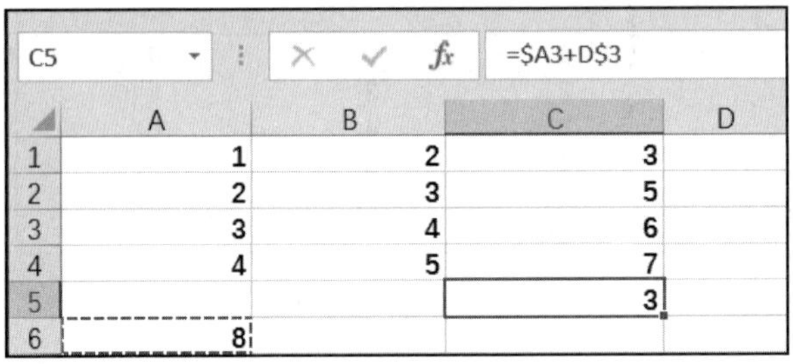

图 3-7　混合引用说明

5. 三维引用

三维引用指引用工作簿中多个工作表的单元格。三维引用的一般格式为：工作表标签!单元格引用。

3.1.3　公式审核

在公式结构与函数的参数设置都正确的情况下，若产生了错误值，则说明公式或函数引用的单元格中有错误。在 Excel 中，如果知道公式引用了哪些单元格，且所引用的单元格又在同一张工作表中时，可双击公式结果所在的单元格，此时系统会立即以不同颜色的方框将该公式中所引用的所有单元格框起来。在大型的工作簿中要查找公式结果出错的原因，可利用 Excel 提供的公式审核功能检查公式与单元格之间的关系，即可快速找出出错的原因。

审核公式对公式的正确性来说至关重要，它包括检查并校对数据、查找选定公式引用的单元格以及查找公式错误等。

1. 公式中的错误信息

当 Excel 无法计算一个公式或函数时，会在出现错误的单元格中显示一个错误值。错误值以#开头。

Excel 主要有 7 种错误值，现在分别说明如下。

（1）#DIV/0!

含义：当数字被零（0）除时，出现错误。

原因：输入的公式中包含明显的被零值除。

(2)#N/A

含义：当数值对函数或公式不可用时，出现错误。

原因：遗漏数据。

(3)#NAME?

含义：当 Excel 未识别公式中的文本时，出现错误。

原因 1：正在使用不存在的名称。

原因 2：名称拼写错误。

原因 3：在公式中使用了禁止使用的标志。

(4)#NULL!

含义：当指定并不相交的两个区域的交点时，出现这种错误。

原因：使用了不正确的运算符。

(5)#NUM!

含义：公式或函数中使用无效的数字值时，出现这种错误。

原因 1：在需要数字参数的函数中使用了无法接受的参数。

原因 2：使用了迭代计算的工作表函数。

(6)#REF!

含义：当单元格引用无效时，出现这种错误。

原因：删除了由其他公式引用的单元格，或将移动单元格粘贴到由其他公式引用的单元格中。

(7)#VALUE!

含义：当使用的参数或运算对象类型错误时，出现这种错误。

原因 1：当公式需要数字或逻辑值(如 TRUE 或 FALSE)时，却输入了文本。

原因 2：输入或编辑了数组公式，然后按了 Enter 键。

2.　审核公式

Excel 提供了许多强大又方便的功能，它允许用户使用审核工具来审核工作表，查找与公式有关的单元格、显示受单元格内容更改影响的公式，并追踪错误值的来源。

如果使用审核工具来审核工作表，其具体操作步骤如下：

(1)在工作表中选定包含公式或函数的单元格，单击"公式"选项卡下"公式审核"组中的"追踪引用单元格"按钮，就可以得到指向公式或函数中所引用的单元格的追踪箭头，如图 3-8 所示。

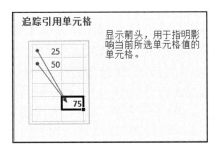

图 3-8　追踪引用单元格

(2) 在工作表中选定任意一个单元格，单击"公式"选项卡下"公式审核"组中的"追踪从属单元格"按钮，结果如图 3-9 所示。

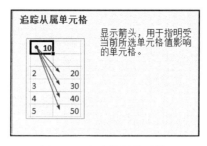

图 3-9　追踪从属单元格

(3) 单击"公式审核"工具栏中的"追踪从属单元格"按钮，如果该单元格被某一公式引用，此时就会出现指向该公式单元格的追踪箭头；如果要追踪从属单元格的下一级单元格，可再次单击"追踪从属单元格"按钮。

(4) 如果工作表中的单元格含有错误信息，可选定含有错误信息的单元格，然后单击"公式"选项卡下"公式审核"组中的"错误检查"按钮，如图 3-10 所示。在出现的列表中选择"追踪错误"选项。

如果想取消追踪引用单元格的箭头，只需单击"公式"选项卡下"公式审核"组中的"移去箭头"按钮，在出现的列表中选择"移去引用单元格追踪箭头"选项即可；如果想取消从属引用单元格的箭头，只需单击"公式"选项卡下"公式审核"组中的"移去箭头"按钮，在出现的列表中选择"移去从属单元格追踪箭头"选项即可；如果想取消工作表中的所有追踪箭头，只需单击"公式"选项卡下"公式审核"组中的"移去箭头"按钮，在出现的列表中选择"移去箭头"选项即可，如图 3-11 所示。

图 3-10　追踪错误

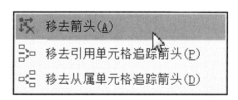

图 3-11　移去箭头

3.1.4　数组公式

数组公式：对一维或多维数据执行多重计算，并返回单个或一维（或多维）结果，通过用单个数组公式代替多个不同的公式，可简化工作。数组公式必须按 Ctrl+Shift+Enter 组合键，自动生成大括号，完成数组公式的输入。

例 4：对教师基本信息表中 K3:K12 区域计算每位教师的工资总额。

选择 K3:K12 区域后在编辑栏输入数组公式"=I3:I12*(1+J3:J12)"，按 Ctrl+Shift+Enter 组合键完成数组公式输入，如图 3-12 所示。公式左右两侧自动加上大括号，即可得到所有教师的工资总额。

| K3 | | | × ✓ fx | {=I3:I12*(1+J3:J12)} | | | | | | |

▲	A	B	C	D	E	F	G	H	I	J	K
1	教师基本信息表										
2	姓　名	身份证号码	性　别	出生日期	年龄	职称	入职时间	工龄	基本工资	职称补贴率	工资总额
3	陈家洛	410205197512278281	男	1975年12月27日	43	副教授	1998年3月	20	4000	70%	6800
4	王珊珊	330675199103301836	女	1991年03月30日	27	助教	2015年12月	2	4000	30%	5200
5	孟浩然	330675196405128765	男	1964年05月12日	54	教授	1987年3月	31	4000	80%	7200
6	刘爱舞	330675197711045896	女	1977年11月04日	41	副教授	2003年8月	14	4000	70%	6800
7	张雅敏	330675198907015258	女	1989年07月01日	29	讲师	2001年6月	16	4000	50%	6000
8	徐霞客	551018199207311126	男	1992年07月31日	26	助教	2014年10月	3	4000	30%	5200
9	薛慧洁	330675196810032235	女	1968年10月03日	50	教授	1992年7月	25	4000	80%	7200
10	王万国	370108197202213129	男	1972年02月21日	46	副教授	1997年7月	20	4000	70%	6800
11	陈琪	330675198505088895	女	1985年05月08日	33	讲师	2009年6月	8	4000	50%	6000
12	曾东晨	110101197209021144	男	1972年09月02日	46	教授	1995年9月	22	4000	80%	7200

图 3-12　数组公式

3.2　函　　数

3.2.1　函数结构

函数是一些预定义的公式，函数的结构以函数名称开始，后面是左圆括号、以逗号分隔的参数和右圆括号。如果函数以公式的形式出现，请在函数名称前面键入等号(=)。Excel 函数的一般形式为：

函数名(参数 1,参数 2,…)

例如，=SUM(A3:B3),其中 SUM 为求和函数名,A3:B3 为参数。

3.2.2　函数参数

函数参数可以是数字、文本、形如 TRUE 或 FALSE 的逻辑值、数组或单元格引用等，也可以是常量、公式或其他函数。

3.2.3　函数类别

Excel 函数一共有 11 类，分别是数据库函数、日期与时间函数、工程函数、财务函数、信息函数、逻辑函数、查找与引用函数、数学和三角函数、求和与统计函数、文本函数以及用户自定义函数。

3.3　常　用　函　数

3.3.1　逻辑函数

逻辑函数是来判断真假值，或进行复合检验的 Excel 函数。Excel 提供了 6 种逻辑函数，即 IF、AND、OR、NOT、FALSE、TRUE。

3.3.2 文本函数

文本函数就是在公式中处理文字串的函数。如改变字母大小写，确定字符串的长度，替换某些字符，去除某些字符等。常用的文本函数有 13 个：LEN、RIGHT、LEFT、MID、PROPER、LOWER、UPPER、SEARCH、FIND、REPLACE、SUBSTITUTE、REPT 和 CONCATENATE。

3.3.3 日期与时间函数

日期与时间函数是可在公式中分析和处理日期值和时间值的函数。Excel 中提供的常用的日期和时间函数有 14 个：WORKDAY、WORKDAY.INTL、WEEKDAY、DATE、DATEVALUE、DAY、HOUR、MINUTE、NETWORKDAYS.INTL、NETWORKDAYS、SECOND、TODAY、NOW、YEAR。

3.3.4 查找与引用函数

查找与引用函数可以用来在数据清单或表格中查找特定数值，或者需要查找某一单元格的引用。Excel 中提供的常用的查找与引用函数有 16 个：ADDRESS、AREAS、CHOOSE、COLUMN、COLUMNS、HLOOKUP、HYPERLINK、INDEX、INDIRECT、LOOKUP、MATCH、OFFSET、ROW、ROWS、TRANSPOSE 和 VLOOKUP。

3.3.5 求和与统计函数

求和与统计函数用于对数据区域进行求和与统计分析。Excel 提供了 8 个数学函数：INT、SUMIF、SUMPRODUCT、SUMIFS、SUM、RAND、ROUND、MOD。还有 11 个统计类函数：AVERAGE、AVERAGEIF、AVERAGEIFS、COUNT、COUNTIF、COUNTIFS、LARGE、SMALL、MAX、MIN、RANK。

3.3.6 常用函数列表

在日常工作中，有些函数使用频率较高，本节重点介绍工作和学习中常用到的函数，如表 3-8 所示。

表 3-8　Excel 常用函数

函数	功能	用法
IF	条件判断	使用格式：IF(Logical,Value_if_true,Value_if_false) 功能：根据一个条件判断其真假，根据真假分别返回两种不同的结果值
LEFT	左侧截取字符串	使用格式：LEFT(text,[num_charts]) 功能：提取字符串中左侧的 N 个字符
MID	截取字符	使用格式：MID(Text, Start_num, Num_chars) 功能：从字符串中第 n 位开始，向右侧提取 N 个字符
TODAY 和 NOW	获取系统日期时间	使用格式：TODAY( )和 NOW( ) 功能：分别获得系统当前的日期、日期和时间
YEAR	提取年份	使用格式：YEAR(date) 功能：date 为一个日期值，函数执行成功时得到参数中的年份

续表

函数	功能	用法
VLOOKUP	纵向查找	使用格式：VLOOKUP(Lookup_value, Table_array, Col_index_num, Range_lookup) 功能：查找指定单元格区域中的第 1 列，然后返回该区域相同行上任意单元格中的数值
SUM	求和	使用格式：SUM(Number1, Number2,…) 功能：将参数内单个值、单元格引用或区域相加，或者将三者的组合相加
SUMIF	条件求和	使用格式：SUMIF(Range, Criteria, Sum_range) 功能：根据指定条件进行求和
AVERAGE	平均值	使用格式：AVERAGE(Numberl, Number2,…) 功能：求各参数的算术平均值
AVERAGEIF	条件平均值	使用格式：AVERAGEIF(Range, Criteria, Average_range) 功能：对指定区域中满足给定条件的单元格求算术平均值
COUNT	计数	使用格式：COUNT(Value1, Value2, …) 功能：计算包含数值的单元格的个数
COUNTIF	条件计数	使用格式：COUNTIF(Range, Criteria) 功能：计算满足某个条件的单元格的个数
RANK	排位函数	使用格式：RANK(Number, Ref, Order) 功能：返回某一数值在一列数值中相对于其他数值的大小排位
MOD	求余数	使用格式：MOD(nExp1,nExp2) 功能：两个数值表达式做除法运算后的余数
MAX 和 MIN	求最大值和最小值	使用格式：MAX(Numberl, Number2, …) 和 MIN(Numberl, Number2, …) 功能：计算一系列数值中的最大值和最小值

3.4 公式应用实例

3.4.1 逻辑函数 IF

基本语法：=IF(logical_test,[value_if_true],[value_if_false])

功能说明：根据一个条件判断其真假，根据真假分别返回两种不同的结果值。

实例数据：工作簿文件"教师基本信息表.xlsx"中的教师基本信息表，如图 3-13 所示。

	A	B	C	D	E	F	G	H	I	J	K
1	教师基本信息表										
2	姓 名	身份证号码	性 别	出生日期	年龄	职称	入职时间	工龄	基本工资	职称补贴率	工资总额
3	陈家洛	410205197512278281	男	1975年12月27日	43	副教授	1998年3月	20	4000	70%	6800
4	王珊珊	330675199103301836	女	1991年03月30日	27	助教	2015年12月	2	4000	30%	5200
5	孟浩然	330675196405128765	男	1964年05月12日	54	教授	1987年3月	31	4000	80%	7200
6	刘爱舞	330675197711045896	女	1977年11月04日	41	副教授	2003年8月	14	4000	70%	6800
7	张雅敏	330675198907015258	女	1989年07月01日	29	讲师	2001年6月	16	4000	50%	6000
8	徐霞客	551018199207311126	男	1992年07月31日	26	助教	2014年10月	3	4000	30%	5200
9	薛慧洁	330675196810032235	女	1968年10月03日	50	教授	1992年7月	25	4000	80%	7200
10	王万国	370108197202213129	男	1972年02月21日	46	副教授	1997年7月	20	4000	70%	6800
11	陈琪	330675198505088895	女	1985年05月08日	33	讲师	2009年6月	8	4000	50%	6000
12	曾东晨	110101197209021144	男	1972年09月02日	46	教授	1995年9月	22	4000	80%	7200

图 3-13 教师基本信息表

应用实例如表 3-9 所示。

表 3-9 IF 函数应用实例

公式	结果	说明
=IF(K3>K4,"A","B")	A	如果 K3 单元格的值大于 K4 单元格的值，就显示 A，否则显示 B
=IF(K3>K4,,"B")	0	如果 K3 单元格的值大于 K4 单元格的值，就显示 0，否则显示 B
=IF(F3="教授",0.8,IF(F3="副教授",0.7,IF(F3="讲师",0.5,0.3)))	0.7	如果 F3 单元格职称为教授，J3 补贴率为 80% 如果 F3 单元格职称为副教授，J3 补贴率为 70% 如果 F3 单元格职称为讲师，J3 补贴率为 50% 如果 F3 单元格职称为助教，J3 补贴率为 30%

3.4.2 文本函数

1. LEFT 函数

基本语法：=LEFT(text,[num_charts])
功能说明：提取字符中左侧的 N 个字符。
实例数据：教师基本信息表，如图 3-13 所示。
应用实例如表 3-10 所示。

表 3-10 LEFT 函数应用实例

公式	结果	说明
=LEFT(B3,3)	410	提取 B3 单元格左边 3 个字符
=LEFT(B3)	4	不指定字符数，默认提取 B3 最左边字符
=LEFT(B3,0)		提取 0 个字符时，显示空值
=LEFT(B3,-3)	#VALUE!	当指定字符数为负数时，显示错误

2. MID 函数

基本语法：=MID(text,start_num,num_charts)
功能说明：从字符中第 n 位开始，向右侧提取 N 个字符。
实例数据：教师基本信息表，如图 3-13 所示。
应用实例如表 3-11 所示。

表 3-11 MID 函数应用实例

公式	结果	说明
=MID(B3,1,3)	410	从 B3 单元格第 1 个字符开始提取 3 个字符
=MID(B3,7,4)	1975	从 B3 单元格第 7 个字符开始提取 4 个字符
=MID(B3,20,4)		第 1 个提取位置大于 B3 字符长度，显示空值
=MID(B3,-1,4)	#VALUE!	从负数开始提取时，显示错误

3.4.3 日期与时间函数

1. TODAY 函数、DAY 函数、MONTH 函数、YEAR 函数

基本语法：=TODAY()、=DAY(date)、=MONTH(date)、=YEAR(date)
功能说明：返回系统日期、日期是当月的第几天、日期月份、日期年份。

应用实例如表 3-12 所示。

表 3-12　TODAY、DAY、MONTH、YEAR 函数应用实例

公式	结果	说明
=TODAY（）	2018/4/22	返回系统当前日期
=TODAY（）+3	2018/4/25	返回系统当前日期加上 3 天后的日期
=DAY（TODAY（））	22	返回系统当前日期是当月的第几天
=MONTH（TODAY（））	4	返回系统当前日期的月份
=YEAR（TODAY（））	2018	返回系统当前日期的年份

2. NOW 函数

基本语法：=NOW（）

功能说明：返回当前日期和时间。

应用实例如表 3-13 所示。

表 3-13　NOW 函数应用实例

公式	结果	说明
=NOW（）	2018/4/22 17:48	返回系统当前日期和时间
=NOW（）	2018/4/22	也可返回系统当前日期（设置单元格格式）
=NOW（）+10	2018/5/2 17:48	NOW 函数可以进行加减计算

3.4.4　查找与引用函数 VLOOKUP

基本语法：=VLOOKUP（lookup_value, table_array, col_index_num, [range_lookup]）

功能说明：从某区域中查找特定的值，并返回该值在该区域对应的其他列的值。

参数说明如表 3-14 所示。

表 3-14　VLOOKUP 函数参数说明

参数	参数说明
lookup_value	为需要在数据表第 1 列中查找的数值。可以为数值、引用或文本字符串
table_array	为需要在其中查找数据的数据表。可以使用对区域或区域名称的引用，例如数据库或数据清单
col_index_num	为 table_array 中待返回的匹配值的列序号。如 Col_index_num 为 1 时，返回 table_array 第 1 列中的数值；col_index_num 为 2 时，返回 table_array 第 2 列中的数值，以此类推
range_lookup	为一个逻辑值，指明函数 VLOOKUP 返回时是精确匹配还是近似匹配。如果为 TRUE 或省略，则返回近似匹配值（也就是说，如果找不到精确匹配值，则返回小于 lookup_value 的最大数值）；如果为 FALSE，将返回精确匹配值；如果找不到，则返回错误值#N/A

实例数据：教师基本信息表如图 3-13 所示。

应用实例如表 3-15 所示。

表 3-15　VLOOKUP 函数应用实例

公式	结果	说明
=VLOOKUP("陈琪",A3:K12,6,FALSE)	讲师	查找陈琪，并返回其对应的职称
=VLOOKUP("陈琪",A3:K12,8,FALSE)	8	查找陈琪，并返回其对应的工龄
=VLOOKUP("乔峰",A3:K12,6,FALSE)	#N/A	当查找值不存在时，显示错误
=VLOOKUP(50,E3:E12,1,TRUE)	46	在 E3:E12 查找并返回小于或等于 50 的最大值

3.4.5　求和与统计函数

1. SUM 函数

基本语法：=SUM(number1, number2, …)

功能说明：将参数内单个值、单元格引用或区域相加，或者将三者的组合相加。

实例数据：教师基本信息表如图 3-13 所示。

应用实例如表 3-16 所示。

表 3-16　SUM 函数应用实例

公式	结果	说明
=SUM(E3:E12)	395	计算 E3:E12 区域内的年龄之和
= SUM("3", 2, TRUE)	6	文本值被转换成数字，而逻辑值 "TRUE" 被转换成数字 1

2. SUMIF 函数

基本语法：=SUMIF(range,criteria,[sum_range])

功能说明：根据指定条件进行求和。

实例数据：教师基本信息表如图 3-13 所示。

应用实例如表 3-17 所示。

表 3-17　SUMIF 函数应用实例

公式	结果	说明
=SUMIF(K3:K12,">6000")	42000	计算 K3:K12 区域中大于 6000 的工资之和
=SUMIF(F3:F12,"教授", K3:K12)	21600	在 F3:F12 职称列中寻找教授，然后求出其对应的 K3:K12 区域工资之和
=SUMIF(A3:A12,"*陈*", K3:K12)	12800	寻找姓名列中有"陈"字的项，然后求出其对应的工资之和

3. AVERAGE 函数

基本语法：=AVERAGE(number1，[number2],…)

功能说明：求各参数的算术平均值。

实例数据：教师基本信息表如图 3-13 所示。

应用实例如表 3-18 所示。

表 3-18　AVERAGE 函数应用实例

公式	结果	说明
=AVERAGE(K3:K12)	6440	计算 K3:K12 区域内的平均工资
=AVERAGE(K3:K12,0)	5854.545	计算 K3:K12 区域和 0 的平均值

4. AVERAGEIF 函数

基本语法：=AVERAGEIF(range,criteria，[average_range])

功能说明：对指定区域中满足给定条件的单元格求算术平均值。

实例数据：教师基本信息表如图 3-13 所示。

应用实例如表 3-19 所示。

表 3-19 AVERAGEIF 函数应用实例

公式	结果	说明
= AVERAGEIF(K3:K12,">6000")	7000	计算 K3:K12 区域中大于 6000 的工资平均值
=AVERAGEIF(F3:F12,"教授", K3:K12)	7200	在 F3:F12 职称列中寻找教授，然后求出其对应的 K3:K12 区域工资平均值
=AVERAGEIF(A3:A12,"*陈*", K3:K12)	6400	寻找姓名列中有"陈"字的项，然后求出其对应的工资平均值

5. COUNT 函数

基本语法：=COUNT(value1,[value2],…)

功能说明：计算包含数值的单元格的个数。

实例数据：教师基本信息表如图 3-13 所示。

应用实例如表 3-20 所示。

表 3-20 COUNT 函数应用实例

公式	结果	说明
=COUNT(E3:E12)	10	计算 E3:E12 区域内中年龄数字的个数
= SUM("3", 2, TRUE)	6	文本值被转换成数字，而逻辑值 "TRUE" 被转换成数字 1

6. COUNTIF 函数

基本语法：=COUNTIF(range, criteria)

功能说明：计算满足某个条件的单元格的个数。

实例数据：教师基本信息表如图 3-13 所示。

应用实例如表 3-21 所示。

表 3-21 COUNTIF 函数应用实例

公式	结果	说明
=COUNTIF(K3:K12,">6000")	6	计算 K3:K12 区域中工资大于 6000 的人数
=COUNTIF(F3:F12,"教授")	3	在 F3:F12 职称列中统计教授人数
=COUNTIF(A3:A12,"*陈*")	2	在姓名列中统计有"陈"字人数

7. MOD 函数

基本语法：=MOD(number, divisor)

功能说明：两个数值表达式作除法运算后的余数。

实例数据：教师基本信息表如图 3-13 所示。

应用实例如表 3-22 所示。

表 3-22 MOD 函数应用实例

公式	结果	说明
=MOD(7,4)	3	7 除以 4 余数为 3
=MOD(−7,4)	1	−7 除以 4 余数为 1

公式	结果	说明
=MOD(7,–4)	–1	7 除以 –4 余数为 –1
=MOD(–7,–4)	–3	–7 除以 –4 余数为 –3
=MOD(MID(B3,17,1),2)	0	B3 第 17 位数除以 2 余数为 0（B3 第 17 位为偶数）
=MOD(MID(B4,17,1),2)	1	B4 第 17 位数除以 2 余数为 1（B4 第 17 位为奇数）

8. MAX 函数、MIN 函数

基本语法：=MAX(number1，[number2],…)；=MIN(number1，[number2],…)
功能说明：返回一系列数值中的最大值和最小值。
实例数据：教师基本信息表如图 3-13 所示。
应用实例如表 3-23 所示。

表 3-23　MAX 函数、MIN 函数应用实例

公式	结果	说明
=MAX(E3:E12)	54	E3:E12 区域年龄最大值
=MIN(E3:E12)	26	E3:E12 区域年龄最小值

9. RANK 函数

基本语法：=RANK(number, ref, [order])

功能说明：某一个数值在某一区域内的排位，其中升序排位 order 参数为 1，降序排位 order 参数为 0 或缺省。

实例数据：教师基本信息表如图 3-13 所示。

应用实例如表 3-24 所示。

表 3-24　RANK 函数应用实例

公式	结果	说明
=RANK(E3,E3:E12,0)	5	E3 在 E3:E12 区域内的年龄降序排位
=RANK(E3,E3:E12,1)	6	E3 在 E3:E12 区域内的年龄升序排位

3.5　思考与练习

1. 当 Excel 无法计算一个公式或函数时，会在出现错误的单元格中显示一个错误值。Excel 有哪几种错误值？分别表示什么错误信息？

2. 在 Excel 中，单元格相对引用地址、绝对引用地址、混合引用地址三者的联系与区别是什么？

3. 如图 3-14 所示，请创建一工作簿文件"引用地址练习.xlsx"，在 Sheet1 工作表中输入 B3:E7 对应数据，依次利用 3 种引用地址在 C10 输入公式计算 B6、C5 之和，然后将 C10 中的公式复制到 D8，观察公式中地址的变化。

	A	B	C	D	E	F	G	H
1		三种引用地址的使用方法						
2								
3		2	3	6	9			
4		5	4	2	7			
5		8	5	1	5			
6		7	6	4	3			
7		3	7	9	1			
8								
9								
10								

1. **相对引用地址**：如B6、C5等，随公式位置变化，公式里的地址发生相应变化
2. **绝对引用地址**：如$B$6 、$C$5 等，将行列锁住，公式位置变化，公式里地址不发生变化
3. **混合引用地址**：如$B6、C$5等，相对的行列随公式位置变化而变化，而绝对行列不变化

要求：在C10用公式计算B6、C5之和，然后将公式从C10复制到D8，观察公式中地址的变化

注意：将公式从C10复制到D8，列+1，行-2，公式里的地址要发生相应的变化

图 3-14　3 种引用地址练习

4．综合作业。在“教师基本信息表”工作簿中，根据 Sheet1 工作表中的“教师基本信息表”（图 3-15）和 Sheet2 工作表中的“职称补贴表”（图 3-16），按要求完成下列各题：

	A	B	C	D	E	F	G	H	I	J	K
1	教师基本信息表										
2	姓　名	身份证号码	性　别	出生日期	年龄	职称	入职时间	工龄	基本工资	职称补贴率	工资总额
3	陈家洛	410205197512278281				副教授	1998年3月		4000		
4	王珊珊	330675199103301836				助教	2015年12月		4000		
5	孟浩然	330675196405128765				教授	1987年3月		4000		
6	刘爱舞	330675197711045896				副教授	2003年8月		4000		
7	张雅敏	330675198907015258				讲师	2001年6月		4000		
8	徐霞客	551018199207311126				助教	2014年10月		4000		
9	薛慧洁	330675196810032235				教授	1992年7月		4000		
10	王万国	370108197202213129				副教授	1997年7月		4000		
11	陈琪	330675198505088895				讲师	2009年6月		4000		
12	曾东晨	110101197209021144				教授	1995年9月		4000		

图 3-15　教师基本信息表（Sheet1）

	A	B
1	职称补贴表	
2	职称	补贴率
3	教授	80%
4	副教授	70%
5	讲师	50%
6	助教	30%

图 3-16　职称补贴表（Sheet2）

（1）根据身份证号，在“教师基本信息表”的“性别”列中，使用 IF、MID、MOD 函数提取教师性别，单元格格式为“男”或“女”。（提示：若身份证号第 17 位数是偶数为“女”，奇数为“男”）

（2）根据身份证号，在“教师基本信息表”的“出生日期”列中，使用 MID 函数提取员工生日，单元格式类型为“yyyy‘年’m‘月’d‘日’”。

（3）根据出生日期，在“教师基本信息表”的“年龄”列中，使用 TODAY 函数和 YEAR 函数计算教师的年龄。

(4)根据教师职称，在"教师基本信息表"的"职称补贴率"列中，使用 VLOOKUP 函数完成教师职称补贴率的填充。"职称补贴率"和"职称"的对应关系在"职称补贴表"中。

(5)根据入职时间，在"教师基本信息表"的"工龄"列中，使用 TODAY 函数和 INT 函数计算教师的工龄，工作满一年才计入工龄。

(6)根据教师基本工资和职称补贴率，计算每位教师的工资总额。

第 4 章　数据获取与数据预处理

我们希望通过数据获取信息，从而能够帮助人们指导其社会实践活动以及促进社会进步。然而，通常情况下，通过各种渠道所获取的原始数据，其数据量庞大且结构杂乱无章，一般都是非结构化数据。此时，如果想高效地利用原始数据进行进一步的分析和利用，则必须对数据进行预处理。

Excel 是最优秀的电子表格软件之一，它具有强大的数据处理和数据分析能力，是进行数据处理和数据分析的理想工具。本章从数据有效性、分列与去重、数据排序、数据筛选与分类汇总、查找与替换这几个方面来进行数据处理的讲解。

4.1　数据有效性

数据的输入工作烦琐而枯燥，而用户长时间进行这样重复乏味的工作，难免会出现输入错误。为了提高效率、减少输入的错误，Excel 提供了"数据有效性"功能。这样，通过"数据有效性"设置，来控制单元格中能够输入的数据类型或有效数据的取值范围等数据的有效性。针对不同的数据，输入目标不同，采用的输入方法不同，"数据有效性"设置也不同。

4.1.1　约束条件设置

约束条件在"数据"选项卡中的"数据有效性"功能中进行设置。"数据有效性"可以对有效性条件进行设置，如允许输入的数据类型以及数据的允许输入范围等。

(1)选中要设置"数据有效性"的单元格或者单元格区域。选择"数据"选项卡，在"数据工具"功能组中单击"数据有效性"，打开"数据有效性"对话框，如图 4-1 所示。

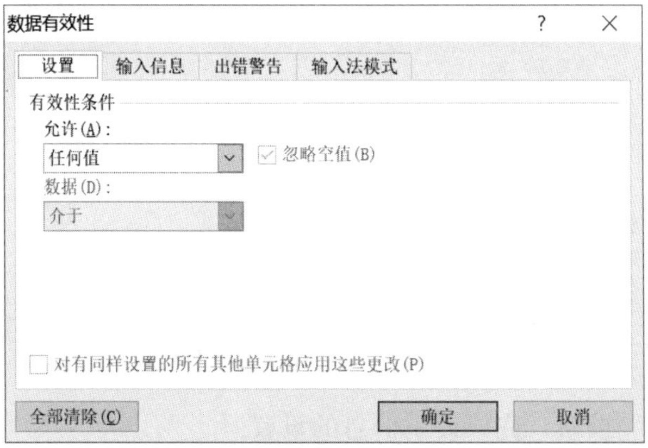

图 4-1　"数据有效性"对话框

(2) 在"数据有效性"对话框中，选择"设置"选项卡，允许输入的数据类型在"允许"选项中进行设置，默认的允许条件是"任何值"；允许输入的数值范围在"数据"选项中设置，默认值为"介于"。此时我们可根据具体需求选择允许值(选项有整数、小数、序列、日期等)和数据取值范围(选项有介于、大于、小于等)，如图 4-2 所示。

图 4-2　数据有效性设置

(3) 单击"确定"按钮，完成数据有效性的设置。

4.1.2　提示信息设置

提示信息在"数据"选项卡中的"数据有效性"功能中进行设置。提示信息能够使用户在选中该单元格或单元格区域时，显示所设置的提示信息，以便提示用户该如何进行正确的输入。

(1) 选中要设置"提示信息"的单元格或者单元格区域。选择"数据"选项卡，在"数据工具"功能组中单击"数据有效性"，打开"数据有效性"对话框。选择"输入信息"选项卡，在"标题"中输入标题，在"输入信息"中输入提示信息，如图 4-3 所示。

图 4-3　提示信息设置

(2) 单击"确定"按钮，完成提示信息的设置。

此时，当用户选中该单元格或单元格区域时，单元格右下方会出现相应提示信息，如图 4-4 所示。

图 4-4　提示信息显示

4.1.3　出错信息设置

出错信息在"数据有效性"功能中进行设置。出错信息能够使用户在输入了不合法的数据时进行警告提示，以便用户意识到自己的输入不合法，并重新进行数据的输入。

(1)选中要设置"出错信息"的单元格或者单元格区域。选择"数据"选项卡，在"数据工具"功能组中单击"数据有效性"，打开"数据有效性"对话框。选择"出错警告"选项卡，选中"输入无效数据时显示出错警告"，在"样式"中选择自己想要的样式(选项有停止、警告、信息)，在"标题"中输入标题，在"错误信息"中输入提示信息，如图 4-5 所示。

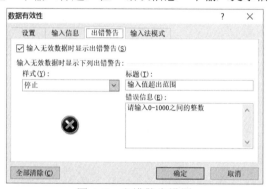

图 4-5　出错警告设置

(2)单击"确定"按钮，完成出错信息的设置。

此时，当用户在该单元格或单元格区域中输入非法数据时，界面会弹出出错警告信息，如图 4-6 所示。

图 4-6　出错警告信息

4.2　分列与去重

4.2.1　分列

分列就是将一个单元格里面的内容用一定的分隔符分成多列，换言之就是把单元格中的数据进行拆分操作。如果进行手动拆分，既费时费力又容易出错，如果用软件自身的拆分工具进行拆分，则既准确又迅速。

若想对"员工销量表"中"销售日期"列按照年、月、日做分列，可按照如下步骤进行操作：

(1)选中要设置分列的单元格或者单元格区域。

(2)选择"数据"选项卡，在"数据工具"功能组中单击"分列"，打开"文本分列向导"第 1 步，如图 4-7 所示。在"请选择最合适的文件类型"中选择"分隔符号"选项，单击"下一步"按钮。

(3)进入"文本分列向导"第 2 步，在"分隔符号"中选择相应的分隔符，这里选择"其他"，输入符号"/"，单击"下一步"按钮，如图 4-8 所示。

(4)进入"文本分列向导"第 3 步，在"列数据格式"中选择相应的数据类型，这里选择"文本"，单击"完成"按钮，如图 4-9 所示。

分列设置的效果如图 4-10 所示。分列后新增的列出现在原列的右边。

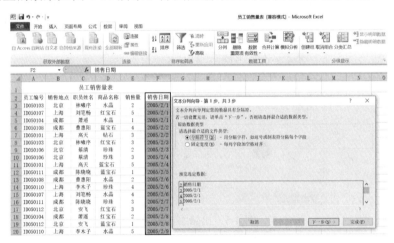

图 4-7　文本分列向导第 1 步

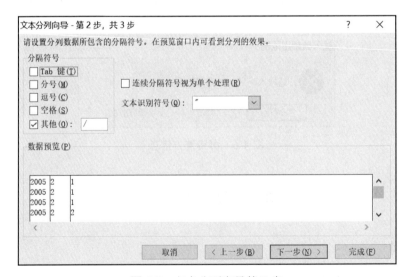

图 4-8　文本分列向导第 2 步

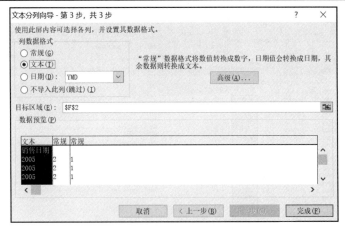

图 4-9　文本分列向导第 3 步

	A	B	C	D	E	F	G	H	I
1			员工销售量表						
2	员工编号	销售地点	职员姓名	商品名称	销售量	销售日期			
3	ID050103	北京	林啸序	水晶	2	2005	2	1	
4	ID050107	上海	刘笔畅	红宝石	5	2005	2	1	
5	ID050104	成都	萧遥	水晶	1	2005	2	1	
6	ID050108	成都	曹惠阳	蓝宝石	4	2005	2	2	
7	ID050101	上海	高天	钻石	3	2005	2	2	
8	ID050103	北京	林啸序	红宝石	3	2005	2	3	
9	ID050106	北京	蔡清	珍珠	2	2005	2	3	
10	ID050106	北京	蔡清	珍珠	3	2005	2	4	
11	ID050101	上海	高天	蓝宝石	5	2005	2	4	
12	ID050111	成都	陈晓晓	蓝宝石	1	2005	2	5	
13	ID050108	成都	曹惠阳	水晶	2	2005	2	6	
14	ID050110	上海	李木子	珍珠	4	2005	2	6	
15	ID050107	上海	刘笔畅	水晶	4	2005	2	6	
16	ID050111	成都	陈晓晓	珍珠	3	2005	2	7	
17	ID050112	北京	安飞	红宝石	4	2005	2	7	
18	ID050104	成都	萧遥	红宝石	2	2005	2	8	
19	ID050112	北京	安飞	蓝宝石	1	2005	2	8	
20	ID050110	上海	李木子	水晶	5	2005	2	9	

图 4-10　分列设置效果

4.2.2　去重

去重就是把单元格区域中重复的数据去掉。在日常 Excel 操作中，难免会遇到重复的数据，有时是自己的输入错误，有时是收到的数据本身如此。无论何种情况，对数据去重都显得很有必要。

若要对"员工销量表"中"职员姓名"列去重，可按照如下步骤进行操作：

(1) 选中要去重的单元格区域。

(2) 选择"数据"选项卡，在"数据工具"功能组中单击"删除重复项"，打开"删除重复项警告"窗口，在"给出排序依据"中选择"扩展选定区域"，如图 4-11 所示。单击"删除重复项"按钮。

(3) 打开"删除重复项"对话框，选择要去重的列，此处选中"职员姓名"选项，如图 4-12 所示，单击"确定"按钮。

(4) 弹出提示对话框，单击"确定"按钮，完成去重设置，得到去重后的结果，如图 4-13 所示。

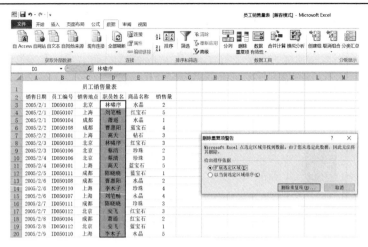

图 4-11　删除重复项警告窗口

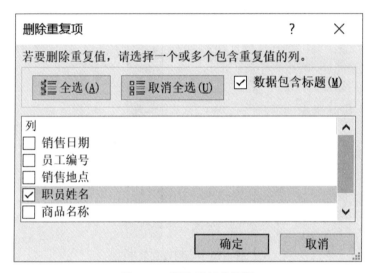

图 4-12　删除重复项设置

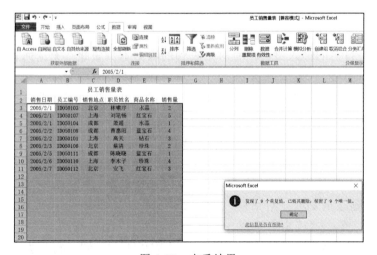

图 4-13　去重结果

4.3　数　据　排　序

数据排序是指按照一定规则对数据进行整理和排列。Excel 提供了多种数据排序方法，可以按文本排序、按数字排序、按日期和时间排序，此外还可以进行自定义排序。对数据进行排序有助于快速、直观地按照人类的习惯显示数据，帮助人们更好地理解数据，同时，有助于组织并查找数据。

4.3.1　简单排序与高级排序

1. 简单排序

简单排序也叫快速排序，即对某一列的数据进行按序排列。快速排序是使用"数据"选项卡上的"排序和筛选"组中的命令。选择需要排序的列的任意单元格，单击"排序和筛选"组内标有"AZ"与向下箭头的"升序"按钮或标有"ZA"与向下箭头的"降序"按钮，则整个数据表格中的记录就会按照所选单元格所在列的值进行升序或降序排列。

若要找出"轿车销售"表中的销售量冠军，则先选择"销售量"列的任意单元格，然后在"数据"选项卡上的"排序和筛选"功能组中单击"ZA 降序"按钮，则销售表格中所有的记录即按销售数量从高到低排列，其结果如图 4-14 所示。

	A	B	C	D	E	F	G	H	I	J	K
1	品牌	销售量	市场占有率	交易额	个人比例	单位比例	业务员				
2	捷达	128	10.65%	17014964	96.88%	3.12%	孙宏伟				
3	夏利	126	10.48%	7893600	100.00%	0.00%	王新				
4	神龙富康	67	5.77%	7459722	95.52%	4.48%	周风				
5	齐瑞	60	4.99%	6431100	100.00%	0.00%	黎苗				
6	宝来	59	4.91%	11080790	96.61%	3.39%	周风				
7	爱丽舍	59	5.09%	8457860	89.83%	10.17%	吴笑				
8	桑塔纳	52	4.33%	7837885	100.00%	0.00%	孙宏伟				
9	长安羚羊	46	3.83%	3874417	95.65%	4.35%	杨阳				
10	帕萨特	38	3.16%	9371644	100.00%	0.00%	孙宏伟				
11	松花江	38	3.16%	2538577	100.00%	0.00%	吴笑				
12	金杯	37	3.06%	3240275	72.97%	27.03%	王新				
13	尼桑风度	34	2.83%	13035600	82.35%	17.65%	周风				
14	波罗	32	2.66%	4208000	100.00%	0.00%	黎苗				
15	长安奥拓	28	2.33%	1347309	100.00%	0.00%	杨阳				
16	吉利	28	2.33%	1112100	100.00%	0.00%	孙宏伟				
17	丰田吉普	27	2.25%	10563750	59.26%	40.74%	黎苗				
18	美日	25	2.08%	11444600	100.00%	0.00%	杨阳				
19	福莱尔	23	1.91%	737650	86.96%	13.04%	黎苗				
20	丰田佳美	18	1.50%	7184571	100.00%	0.00%	周风				
21	红旗	18	1.50%	3004650	83.33%	16.67%	吴笑				
22	本田雅阁	14	1.16%	3619000	100.00%	0.00%	吴笑				
23	宝马	11	0.92%	7400250	100.00%	0.00%	王新				
24	现代	11	0.92%	3301571	81.82%	18.18%	黎苗				
25	海南马自达	10	1.83%	1748571	80.00%	20.00%	王新				
26	赛欧	10	0.83%	1234000	100.00%	0.00%	吴笑				
27											

销售数据 / Sheet2 / Sheet3

图 4-14　简单排序

2. 高级排序

在利用 Excel 进行快速排序时，排序关键字列中可能存在重复的数据，如果需要进一步整理和查看数据，就需要在已有排序的基础上继续按其他关键字进行排序，即多关键字排序。多关键字排序需要用到 Excel 的自定义排序功能。通过单击"数据"选项卡上的"排序和筛选"功能组中的"排序"按钮，或者在"开始"选项卡的"编辑"功能组中单击"排序和筛选"按钮，在弹出的菜单中选择"自定义排序"命令，就可以打开"排序"对话框，如图 4-15 所示。

图 4-15　"排序"对话框

　　在"排序"对话框中可以构造多个排序条件，系统会一次性根据多个条件进行排序。每个条件由 3 个部分组成：列、排序依据和次序。各部分功能描述如下。

　　(1)列：排序的列有两种，分别为"主要关键字"和"次要关键字"。"主要关键字"只有一个并且一定是第 1 个条件。"次要关键字"可以通过上方的"添加条件"按钮或"复制条件"按钮添加多个。如果设置了多个条件，Excel 将首先按照"主要关键字"进行排序；如果"主要关键字"相同，则按照第一"次要关键字"排序；如果第一"次要关键字"也相同，则按照第二"次要关键字"排序，以此类推。在 Excel 中，排序条件最多可以支持 64 个关键字。

　　(2)排序依据：包括数值、单元格颜色、字体颜色和单元格图标 4 个选项。如果需要按文本、数字或日期和时间进行排序，则选择"数值"。默认选择为"数值"。

　　(3)次序：包含升序、降序和自定义排序 3 个选项。默认选择为"升序"。

　　若要在"轿车销售"表中找出每个业务员的最高销售量，这就需要先按"业务员"列排序，然后再按"销售量"列进行多关键字排序。可按照如下步骤进行操作：

　　(1)单击销售统计表格中任意单元格，或者选择整个销售统计表格。

　　(2)选择"数据"选项卡，单击"排序和筛选"组中的"排序"按钮，打开"排序"对话框。

　　(3)在"排序"对话框中构造两个条件，其中主要关键字列表框中选择"业务员"字段，排序依据选择默认值"数值"，次序选择默认值"升序"。然后添加一个次要关键字，选择"销售量"字段，排序依据选择"数值"，次序设置为"降序"。单击"确定"按钮，完成对表中数据的排列，结果如图 4-16 所示。

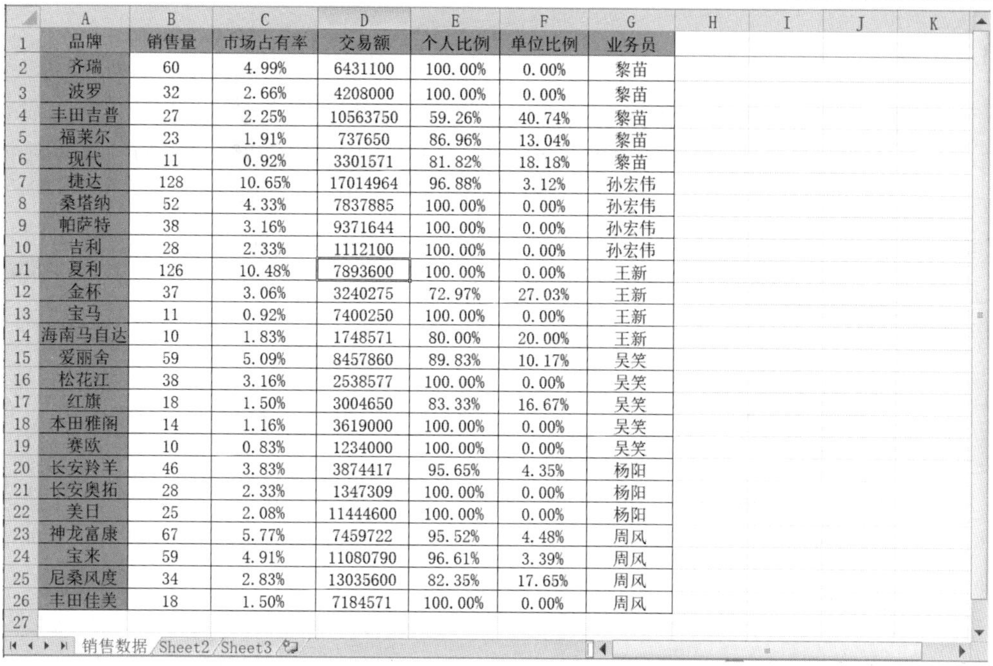

	A	B	C	D	E	F	G	H	I	J	K
1	品牌	销售量	市场占有率	交易额	个人比例	单位比例	业务员				
2	齐瑞	60	4.99%	6431100	100.00%	0.00%	黎苗				
3	波罗	32	2.66%	4208000	100.00%	0.00%	黎苗				
4	丰田吉普	27	2.25%	10563750	59.26%	40.74%	黎苗				
5	福莱尔	23	1.91%	737650	86.96%	13.04%	黎苗				
6	现代	11	0.92%	3301571	81.82%	18.18%	黎苗				
7	捷达	128	10.65%	17014964	96.88%	3.12%	孙宏伟				
8	桑塔纳	52	4.33%	7837885	100.00%	0.00%	孙宏伟				
9	帕萨特	38	3.16%	9371644	100.00%	0.00%	孙宏伟				
10	吉利	28	2.33%	1112100	100.00%	0.00%	孙宏伟				
11	夏利	126	10.48%	7893600	100.00%	0.00%	王新				
12	金杯	37	3.06%	3240275	72.97%	27.03%	王新				
13	宝马	11	0.92%	7400250	100.00%	0.00%	王新				
14	海南马自达	10	1.83%	1748571	80.00%	20.00%	王新				
15	爱丽舍	59	5.09%	8457860	89.83%	10.17%	吴笑				
16	松花江	38	3.16%	2538577	100.00%	0.00%	吴笑				
17	红旗	18	1.50%	3004650	83.33%	16.67%	吴笑				
18	本田雅阁	14	1.16%	3619000	100.00%	0.00%	吴笑				
19	赛欧	10	0.83%	1234000	100.00%	0.00%	吴笑				
20	长安羚羊	46	3.83%	3874417	95.65%	4.35%	杨阳				
21	长安奥拓	28	2.33%	1347309	100.00%	0.00%	杨阳				
22	美日	25	2.08%	11444600	100.00%	0.00%	杨阳				
23	神龙富康	67	5.77%	7459722	95.52%	4.48%	周风				
24	宝来	59	4.91%	11080790	96.61%	3.39%	周风				
25	尼桑风度	34	2.83%	13035600	82.35%	17.65%	周风				
26	丰田佳美	18	1.50%	7184571	100.00%	0.00%	周风				
27											

销售数据　Sheet2　Sheet3

图 4-16　自定义排序

4.3.2　字符串排序规则

在按升序排序时，Excel使用如表 4-1 所示排序次序。在按降序排序时，则使用相反的次序。

表 4-1　排序规则

值	注释
数字	数字按从最小的负数到最大的正数进行排序
日期	日期按从最早的日期到最晚的日期进行排序
文本	字母数字文本按从左到右的顺序逐字符进行排序 例如，如果一个单元格中含有文本 "A100"，Excel 会将这个单元格放在含有 "A1" 的单元格的后面、含有 "A11" 的单元格的前面 文本以及包含存储为文本的数字的文本按以下次序排序： 0 1 2 3 4 5 6 7 8 9（空格）! " # $ % & ( ) * , . / : ; ? @ [/] ^ _ ` { | } ~ + < = > A B C D E F G H I J K L M N O P Q R S T U V W X Y Z 撇号（'）和连字符（-）会被忽略。但例外情况是，如果两个文本字符串除了连字符不同外其余都相同，则带连字符的文本排在后面 如果已通过 "排序选项" 对话框将默认的排序次序更改为区分大小写，则字母字符的排序次序为：a A b B c C d D e E f F g G h H i I j J k K l L m M n N o O p P q Q r R s S t T u U v V w W x X y Y z Z
逻辑	在逻辑值中，FALSE 排在 TRUE 之前
错误	所有错误值（如 #NUM! 和 #REF!）的优先级相同
空白单元格	无论是按升序还是按降序排序，空白单元格总是放在最后（空白单元格是空单元格，它不同于包含一个或多个空格字符的单元格）

4.3.3　自定义序列排序

Excel 默认可以作为排序依据的包括数值类型数据的大小、文本的字母顺序或笔画数多少等。但某些时候，用户可能需要依据超出上述范围之外的某些特殊的规律来排序。例如，为店铺工作人员设置了若干个职位，包括"经理""店长""组长""员工"等，要按照职位高低的顺序来排序，而 Excel 默认的排序依据是无法进行排序的。此时，可以通过"自定义序列"的方法来创建一个自定义的排序原则，并要求 Excel 根据这个顺序进行排序。

若要按人员"职务"的高低来排序表格，具体操作步骤如下。

(1)创建自定义序列。"职务"的高低次序依次为：经理、店长、组长、员工。创建自定义序列步骤如下：

① 选择"文件"菜单中的"选项"命令，在弹出的"选项"对话框中选择"高级"选项卡中"常规"选项，单击"编辑自定义列表"按钮，打开"自定义序列"对话框。

② 选择"自定义序列"列表框中的"新序列"选项，然后在"输入序列"编辑框中依次输入序列项目，每输入完一个项目按"Enter"键换行。整个序列输入完后，单击"添加"按钮，如图 4-17 所示。

③ 单击"确定"按钮，完成自定义序列的创建。

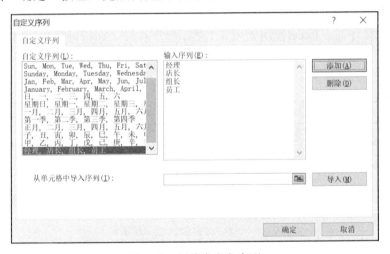

图 4-17　创建自定义序列

(2)选择"职务"列中任意一个单元格，在"数据"选项卡的"排序和筛选"组中，单击"排序"按钮，打开"排序"对话框。

(3)在"主要关键字"下拉列表中选择"职务"，在"排序依据"下拉列表中选择默认值"数值"，"次序"下拉列表中选择"自定义序列"，打开"自定义序列"对话框。

(4)选择所需的列表。使用在步骤(1)中创建的自定义序列，选择"经理、店长、组长、员工"，如图 4-18 所示。单击"确定"按钮，返回"排序"对话框。

(5)单击"确定"按钮关闭"排序"对话框，完成排序操作，结果如图 4-19 所示。

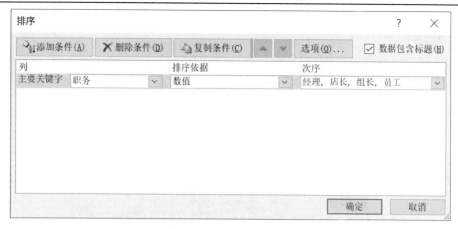

图 4-18　"排序"对话框

	A	B	C	D	E	F	G	H	I	J	K
1	品牌	销售量	市场占有率	交易额	个人比例	单位比例	业务员	职务			
2	吉利	28	2.33%	1112100	100.00%	0.00%	孙宏伟	经理			
3	桑塔纳	52	4.33%	7837885	100.00%	0.00%	孙宏伟	经理			
4	帕萨特	38	3.16%	9371644	100.00%	0.00%	孙宏伟	经理			
5	捷达	128	10.65%	17014964	96.88%	3.12%	孙宏伟	经理			
6	海南马自达	10	1.83%	1748571	80.00%	20.00%	王新	店长			
7	金杯	37	3.06%	3240275	72.97%	27.03%	王新	店长			
8	宝马	11	0.92%	7400250	100.00%	0.00%	王新	店长			
9	夏利	126	10.48%	7893600	100.00%	0.00%	王新	店长			
10	丰田佳美	18	1.50%	7184571	100.00%	0.00%	周凤	组长			
11	神龙富康	67	5.77%	7459722	95.52%	4.48%	周凤	组长			
12	宝来	59	4.91%	11080790	96.61%	3.39%	周凤	组长			
13	尼桑风度	34	2.83%	13035600	82.35%	17.65%	周凤	组长			
14	福莱尔	23	1.91%	737650	86.96%	13.04%	黎苗	员工			
15	赛欧	10	0.83%	1234000	100.00%	0.00%	吴笑	员工			
16	长安奥拓	28	2.33%	1347309	100.00%	0.00%	杨阳	员工			
17	松花江	38	3.16%	2538577	100.00%	0.00%	吴笑	员工			
18	红旗	18	1.50%	3004650	83.33%	16.67%	吴笑	员工			
19	现代	11	0.92%	3301571	81.82%	18.18%	黎苗	员工			
20	本田雅阁	14	1.16%	3619000	100.00%	0.00%	吴笑	员工			
21	长安羚羊	46	3.83%	3874417	95.65%	4.35%	杨阳	员工			
22	波罗	32	2.66%	4208000	100.00%	0.00%	黎苗	员工			
23	奇瑞	60	4.99%	6431100	100.00%	0.00%	黎苗	员工			
24	爱丽舍	59	5.09%	8457860	89.83%	10.17%	吴笑	员工			
25	丰田吉普	27	2.25%	10563750	59.26%	40.74%	黎苗	员工			
26	美日	25	2.08%	11444600	100.00%	0.00%	杨阳	员工			
27											

销售数据　Sheet2　Sheet3

图 4-19　自定义序列排序

4.4　数据筛选与分类汇总

数据筛选是一种用于快速查找数据的方法。使用筛选功能，可以使得用户快速而又方便地从大量数据中查找到所需要的信息。筛选的结果仅显示那些满足指定条件的行，并隐藏那些不满足条件的行。当清除筛选条件后，隐藏的数据又会被显示出来。这样，用户可以更方便地对数据进行浏览和分析。Excel 提供了自动筛选和高级筛选两种数据筛选的方式。

分类汇总是按照指定的分类字段对数据记录进行分类，然后对记录的指定数据项进行汇总统计，统计的数据项和汇总方式由用户指定。通过折叠或展开的方式，可以分级显示汇总项和明细数据，便于快捷地创建各类汇总报告。

4.4.1 筛选

Excel 的自动筛选功能可以筛选文本、数字、日期或时间、最大或最小平均数以上或以下的数字、空值或非空值，也可以按选定内容、单元格的颜色、字体颜色或图标集进行筛选。

想要使用 Excel 的自动筛选功能，要激活筛选功能。首先选择要进行筛选的单元格区域，然后选择"数据"选项卡，在"排序和筛选"功能组中单击"筛选"选项，此时，所选单元格区域会进入"自动筛选"状态，表格标题行的各列中将分别显示出一个下拉按钮，如图 4-20 所示。

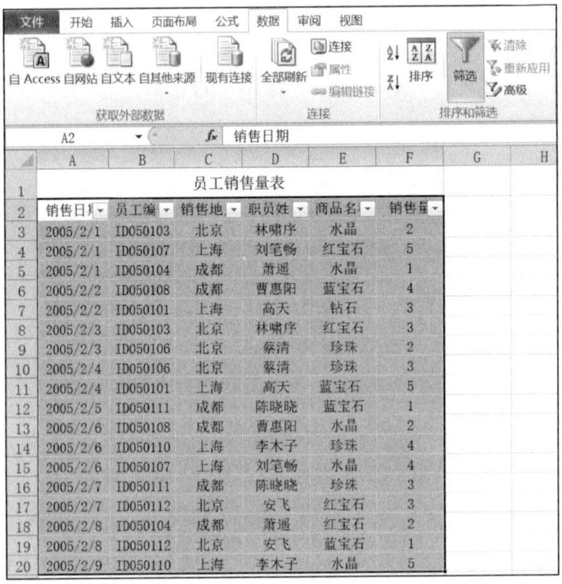

图 4-20 选择筛选功能

单击下拉按钮，可显示该列能够进行筛选的内容，如图 4-21 所示。

图 4-21 显示筛选内容

其中各选项含义如下。

(1)升序、降序、按颜色排序：进行筛选操作后，为了更好地查看筛选结果，对筛选结果进行按照升序、降序或颜色的排序。

(2)文本筛选：可选择不同的比较条件，如等于、不等于、开头是、结尾是、包含、不包含、自定义筛选等，用于进行复杂条件的筛选操作。

(3)搜索文本框：利用搜索文本框可以方便地搜索需要筛选出来的数据。

(4)选项列表框：显示该列中所有不同的数据值，其默认为"全选"，即显示所有数据。若想要显示指定类别的数据，则取消勾选"全选"复选框，然后选中需要的显示类别。

1.　单列筛选

若要对"员工销售量"表按照"商品名称"筛选出"红宝石"的销售信息，可按如下步骤操作：

(1)选择要进行筛选的单元格区域。

(2)选择"数据"选项卡，在"排序和筛选"功能组中单击"筛选"选项。此时，所选单元格区域会进入"自动筛选"状态，表格标题行的各列中将分别显示出一个下拉按钮。

(3)单击"商品名称"列下拉按钮，取消选项列表框中的 "全选"复选框，然后选中"红宝石"选项。

得到的筛选结果如图 4-22 所示。

	A	B	C	D	E	F
1	员工销售量表					
2	销售日期	员工编	销售地	职员姓	商品名称	销售量
4	2005/2/1	ID050107	上海	刘笔畅	红宝石	5
8	2005/2/3	ID050103	北京	林啸序	红宝石	3
17	2005/2/7	ID050112	北京	安飞	红宝石	3
18	2005/2/8	ID050104	成都	萧遥	红宝石	2

图 4-22　单列筛选

2.　多列筛选

若要对"员工销售量"表筛选出北京地区珍珠的销售信息，可按如下步骤操作：

(1)选择要进行筛选的单元格区域。

(2)选择"数据"选项卡，在"排序和筛选"功能组中单击"筛选"选项。此时，所选单元格区域会进入"自动筛选"状态，表格标题行的各列中将分别显示出一个下拉按钮。

(3)单击"销售地点"列下拉按钮，取消选项列表框中的 "全选"复选框，然后选中"北京"选项。

(4)单击"商品名称"列下拉按钮，取消选项列表框中的 "全选"复选框，然后选中"珍珠"选项。

得到的筛选结果如图 4-23 所示。

图 4-23　多列筛选

3. 自定义筛选

单列筛选与多列筛选在每列上只能使用一个筛选条件，如果需要在同一列上同时使用多个筛选条件，则需要使用自定义筛选功能。

若要在"轿车销售"表中，找出销售量前三的品牌，以及销售量小于 20 的品牌，可按如下步骤操作：

(1) 选择要进行筛选的单元格区域。

(2) 选择"数据"选项卡，在"排序和筛选"功能组中单击"筛选"选项，激活筛选功能。

(3) 单击"销售量"列下拉列表，选择"数字筛选"中的"10 个最大的值"，界面弹出"自动筛选前 10 个"对话框。此时可对相应选项进行设置，在"显示"中选择"最大"的"3""项"，如图 4-24 所示。筛选结果如图 4-25 所示。

图 4-24　"自动筛选前 10 个"对话框

图 4-25　筛选结果

(4) 单击"销售量"列下拉列表，选择"数字筛选"中的"自定义筛选"选项，界面弹出"自定义自动筛选方式"对话框。此时"显示行"中自动显示了在步骤(3)中构造好的第 1 个条件，即"大于或等于""67"。然后在第 2 个列表框中选择"小于""20"，两个条件之间是或关系，所以在两个条件之间选择"或"单选按钮，如图 4-26 所示。筛选结果如图 4-27 所示。

图 4-26　"自定义自动筛选方式"对话框

	A	B	C	D	E	F	G
1	品牌	销售量	市场占有率	交易额	个人比例	单位比例	业务员
2	捷达	128	10.65%	17014964	96.88%	3.12%	孙宏伟
9	夏利	126	10.48%	7893600	100.00%	0.00%	王新
11	神龙富康	67	5.77%	7459722	95.52%	4.48%	周凤
12	宝马	11	0.92%	7400250	100.00%	0.00%	王新
13	丰田佳美	18	1.50%	7184571	100.00%	0.00%	周凤
17	本田雅阁	14	1.16%	3619000	100.00%	0.00%	吴笑
18	现代	11	0.92%	3301571	81.82%	18.18%	黎苗
20	红旗	18	1.50%	3004650	83.33%	16.67%	吴笑
22	海南马自达	10	1.83%	1748571	80.00%	20.00%	王新
24	赛欧	10	0.83%	1234000	100.00%	0.00%	吴笑

图 4-27　自定义筛选结果

4. 高级筛选

高级筛选可以对复杂的条件进行自定义筛选。使用高级筛选前,应先在数据单元格区域外设置一个条件区域,用来指定筛选条件。该条件区域的第一行是条件标签,用于输入作为筛选条件的字段名称(如果不是计算公式列,字段名必须与需要筛选的数据区域的字段名一致),条件区域的其他行则输入筛选条件。条件区域中,在同一行上的条件是"与"关系,不同行上的条件是"或"关系。

注意:条件区域与表格或数据单元格区域不能直接相邻,必须以空行或空列隔开。

若要在 "轿车销售"表中,找出销售量>=30 或者市场占有率>=5%且交易额>=6000000 的所有轿车信息,则需要利用高级筛选来进行设置。此处,该查询设计 3个条件,第 1 个条件"销售量>=30"与第 2 个条件"市场占有率>=5%"是或关系,它们俩都与第 3 个条件"交易额>=6000000"是与的关系。这里可以将 3 个条件的逻辑关系表达为:

(销售量>=30 and 交易额>=6000000)or(市场占有率>=5% and 交易额>=6000000)

要得到筛选结果可按如下步骤进行操作:

(1)建立条件区域。在"轿车销售"表中不与数据单元格区域直接相邻的区域创建"条件区域",此处为 A28:C30 单元格区域。

① 条件区域的第 1 行为条件标签,分别输入条件标签:"销售量""市场占有率""交易额"。

② 第 2 行应输入两个条件:即"销售量>=30"输入到 A29 单元格中,"交易额>=6000000"输入到 C29 单元格中。

③ 第 3 行应输入两个条件:即"市场占有率>=5%"输入到 A30 单元格中,"交易额>=6000000"输入到 C30 单元格中,如图 4-28 所示。

(2)选择"数据"选项卡,在"排序和筛选"功能组中单击"高级"图标,打开"高级筛选"对话框。可在"方式"中选择"在原有区域显示筛选结果"或"将筛选结果复制到其他位置",此处默认为第 1 项。在"列表区域"中输入要进行筛选的数据单元格区域,此处默认值为 A1:G26。在"条件区域"中输入条件区域,此处为 A28:C30。单击"确定"按钮完成筛选设置,如图 4-29 所示。

图 4-28　条件区域

图 4-29　"高级筛选"对话框

筛选结果如图 4-30 所示。

	品牌	销售量	市场占有率	交易额	个人比例	单位比例	业务员	
1	品牌	销售量	市场占有率	交易额	个人比例	单位比例	业务员	
2	捷达	128	10.65%	17014964	96.88%	3.12%	孙宏伟	
3	尼桑风度	34	2.83%	13035600	82.35%	17.65%	周凤	
5	宝来	59	4.91%	11080790	96.61%	3.39%	周凤	
7	帕萨特	38	3.16%	9371644	100.00%	0.00%	孙宏伟	
8	爱丽舍	59	5.09%	8457860	89.83%	10.17%	吴笑	
9	复利	126	10.48%	7893600	100.00%	0.00%	王新	
10	桑塔纳	52	4.33%	7837885	100.00%	0.00%	孙宏伟	
11	神龙富康	67	5.77%	7459722	95.52%	4.48%	周凤	
14	齐瑞	60	4.99%	6431100	100.00%	0.00%	黎苗	
27								
28	销售量		市场占有率	交易额				
29	>=30			>=6000000				
30			>=5%	>=6000000				
31								

图 4-30　高级筛选结果

4.4.2　分类汇总

分类汇总是按照指定的分类字段对数据记录进行分类,然后对记录的指定数据项进行汇总统计,统计的数据项和汇总方式由用户指定。通过折叠或展开的方式可以分级显示汇总项和明细数据,便于快捷地创建各类汇总报告。

1．创建分类汇总

若要对"员工销售量表"按照销售地点对销售量进行分类汇总统计，则可按照以下步骤进行：

(1)对"员工销售量表"按分类字段"地区"进行排序。

(2)单击数据区域中的任意单元格，在"数据"选项卡的"分级显示"功能组中单击"分类汇总"选项，界面弹出"分类汇总"对话框，如图 4-31 所示。

(3)在"分类汇总"对话框中设置分类汇总求和的各项参数。各选项含义如下。

① 分类字段：即要对哪个字段进行分类。分类汇总时将具有相同分类字段值的记录作为一组进行统计。此处，选择"销售地点"。

② 汇总方式："汇总方式"下拉列表框中列出了 Excel 中所有可以使用的汇总方式，包括求和、计数、平均值、最大值、最小值乘积等数十种常用统计项目。此处选择"求和"。

③ 选定汇总项：需要进行统计的数据项。"选定汇总项"的列表框中列出了所有的列标题，从中选择需要汇总的列。此处，选择"销售量"。

图 4-31 "分类汇总"对话框

④ 选择汇总数据的保存方式：有 3 种方式，本例默认选择第 1 种和第 3 种。选中"替换当前分类汇总"复选框时表示将删除之前的分类汇总，只保留当前分类汇总的结果；选中"每组数据分页"复选框时表示将每组数据及其汇总项单独打印在一页上；选中"汇总结果显示在数据下方"复选框时表示将各分组汇总计算的结果显示在其明细数据的下方。

(4)单击"确定"按钮，得到分类汇总结果，如图 4-32 所示。

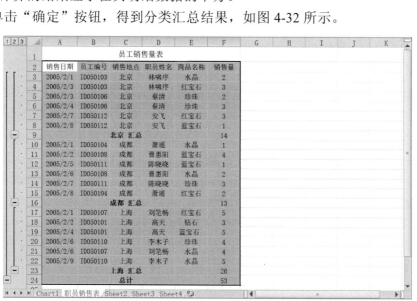

图 4-32 分类汇总结果

2. 分级显示

如图 4.32 所示，左边是分级显示视图。⌈1⌉2⌉3⌉图标为分级显示按钮，指定显示明细数据的级别。每个内部级别(由分级显示符号中的较大数字表示)显示前一外部级别(由分级显示符号中的较小数字表示)的明细数据。例如，单击"1"只显示第 1 级的数据，只有一个总计项；单击"2"显示第 2 级数据，也就是第 1 级的明细数据，显示总计项和各分组总计项；单击"3"显示到第 3 级数据，也就是第 2 级的明细数据，显示汇总表的所有数据，以此类推。3 级数据显示如图 4-32 所示，2 级数据显示如图 4-33 所示，1 级数据显示如图 4-34 所示。

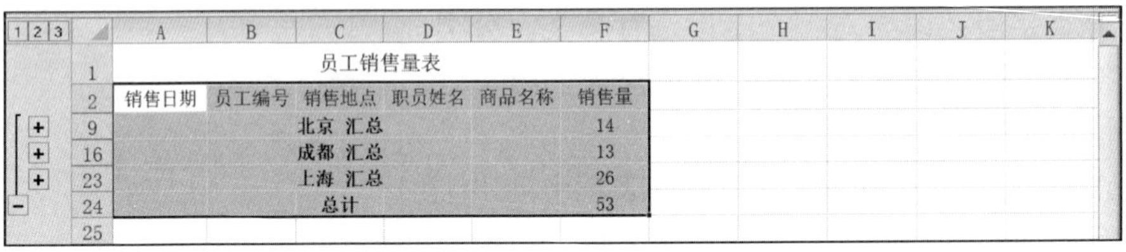

图 4-33　2 级显示

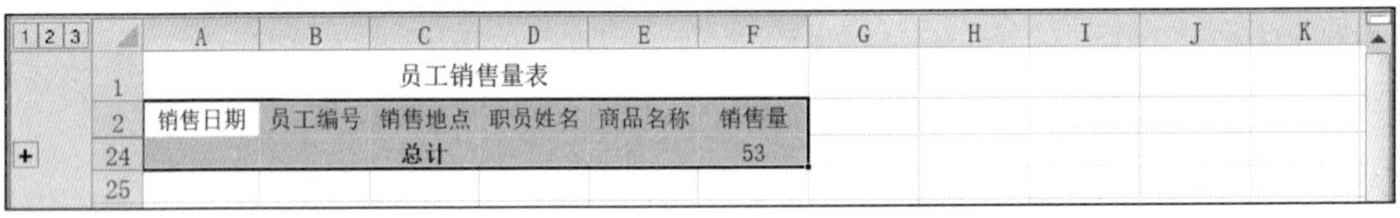

图 4-34　1 级显示

同时，还可以单击⊟图标，折叠本级别分组数据；单击⊞图标，展开本级别分组数据的明细。

3. 多重分类汇总

如果希望按多个字段对数据列表进行分类汇总，只需要按照分类次序，多次执行分类汇总功能即可。类似地，在进行分类汇总之前，需要对分类字段进行排序。

若要对"员工销售量表"进行多重分类汇总，先按照"销售地点"，再按"商品名称"对销售量进行汇总统计，则可按照以下步骤进行：

(1)将"销售地点"作为"主要关键字"，"商品名称"作为"次要关键字"进行多关键字排序。

(2)按"销售地点"创建第 1 级分类汇总。单击数据列表区域中的任意单元格，在"数据"选项卡中单击"分级显示"组内的"分类汇总"按钮，在弹出的"分类汇总"对话框中的"分类字段"下拉列表中选择"销售地点"，在"汇总方式"下拉列表中选择"求和"，在"选定汇总项"列表框中选择"销售量"。然后单击"确定"按钮。

(3)按"商品名称"创建第 2 级分类汇总。单击数据列表区域中的任意单元格，再次打开"分类汇总"对话框，在"分类字段"下拉列表中选择"商品名称"，在"汇总方式"下拉列表中选择"求和"，在"选定汇总项"列表框中选择"销售量"，取消选中"替换当前分类汇总"复选框，如图 4-35 所示。

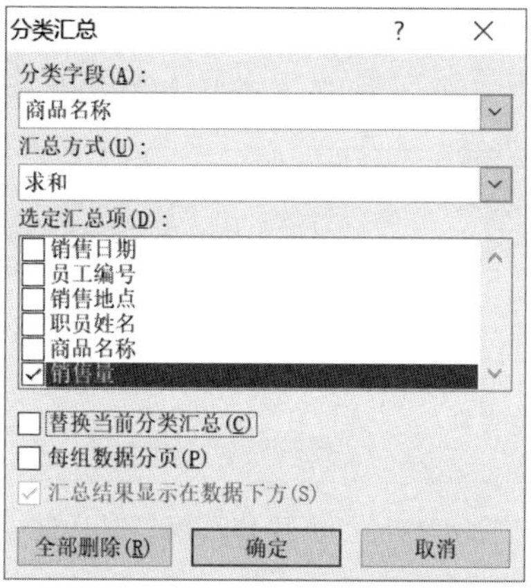

图 4-35　“分类汇总”对话框

(4)单击“确定”按钮，即可生成多重分类汇总，如图 4-36 所示。

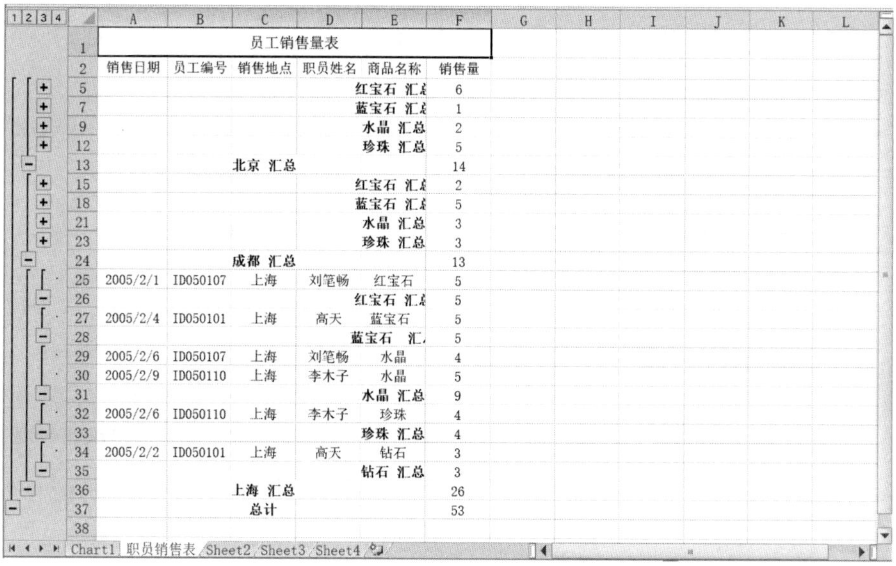

	A	B	C	D	E	F
1	员工销售量表					
2	销售日期	员工编号	销售地点	职员姓名	商品名称	销售量
5					红宝石 汇总	6
7					蓝宝石 汇总	1
9					水晶 汇总	2
12					珍珠 汇总	5
13			北京 汇总			14
15					红宝石 汇总	2
18					蓝宝石 汇总	5
21					水晶 汇总	3
23					珍珠 汇总	3
24			成都 汇总			13
25	2005/2/1	ID050107	上海	刘笔畅	红宝石	5
26					红宝石 汇总	5
27	2005/2/4	ID050101	上海	高天	蓝宝石	5
28					蓝宝石 汇总	5
29	2005/2/6	ID050107	上海	刘笔畅	水晶	4
30	2005/2/9	ID050110	上海	李木子	水晶	5
31					水晶 汇总	9
32	2005/2/6	ID050110	上海	李木子	珍珠	4
33					珍珠 汇总	4
34	2005/2/2	ID050101	上海	高天	钻石	3
35					钻石 汇总	3
36			上海 汇总			26
37			总计			53
38						

图 4-36　多重分类汇总

如果用户需要在不同的汇总方式下对不同的字段进行分类汇总，那么只需要按照分类次序选择不同的汇总方式，然后多次执行分类汇总即可。

4.5　查找与替换

在使用 Excel 时，想要在大量的数据中找出相同的数据会很费劲。当发现有很多数据写错了，要一个个进行修改的话就更麻烦。Excel 表格中的查找和替换功能能够快速高效的解决上述问题。

4.5.1　数据查找

若要在“员工销售量表”中查找职员“安飞”的销售记录，则可按照以下步骤进行：

(1)打开要进行查找的数据表，在"开始"选项卡中的"编辑"功能组中单击"查找和替换"选项，选择"查找"功能，打开"查找和替换"对话框，如图4-37所示。

图4-37 "查找和替换"对话框

(2)在"查找内容"中输入"安飞"，单击"查找全部"按钮，在整张工作表中查找到的全部结果显示在"查找和替换"对话框下方。同时，默认选中当前找到的第1个相同数据的位置，如图4-38所示。

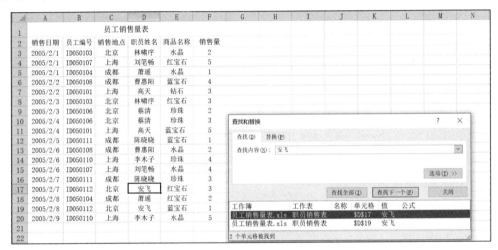

图4-38 查找结果

(3)单击"查找和替换"对话框中"查找下一个"按钮，则选中找到的下一个相同数据的位置。

在"查找和替换"对话框中单击"选项"按钮，还可以进行更加详细的查找设置，如查找格式、查找范围、搜索方式、查找范围等，如图4-39所示。

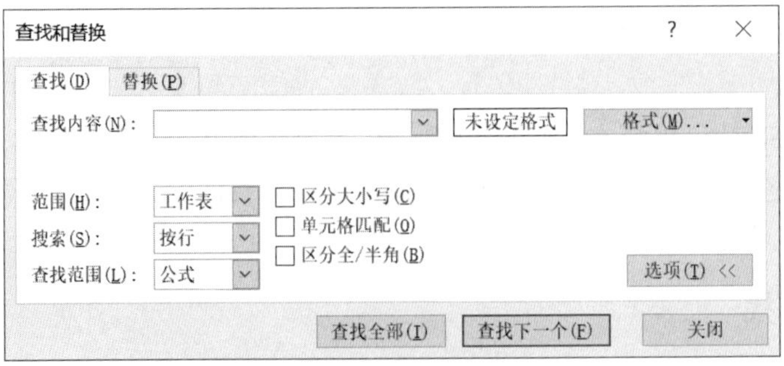

图4-39 查找和替换选项

4.5.2　数据替换

若要在"员工销售量表"中将写错的职员名字"萧遥"改成"萧瑶",则可按照以下步骤进行:

(1)打开要进行查找的数据表,在"开始"选项卡中的"编辑"功能组中单击"查找和替换"选项,选择"替换"功能,打开"查找和替换"对话框,如图 4-40 所示。

图 4-40　替换

(2)在"查找内容"中输入"萧遥",在"替换为"中输入"萧瑶",单击"全部替换",界面会弹出提示信息"Excel 已经完成搜索并进行了 2 处替换"。此时,整张工作表中的全部"萧遥"被替换为"萧瑶",如图 4-41 所示。单击"确定"按钮完成替换。

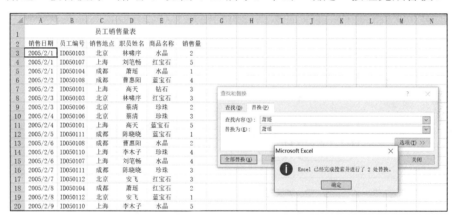

图 4-41　替换结果

4.6　思考与练习

1. 如何生成自定义序列?如何按照自定义序列来进行排序?

2. 如果想在多列上使用多个筛选条件,如何进行筛选?

3. 在高级筛选的条件区域中,同一行的条件是什么关系?同一列的条件是什么关系?

4. 在多重分类汇总中,如何分级显示各级的汇总结果?

第 5 章 数 据 分 析

数据分析是指用适当的统计分析方法对收集来的大量数据进行分析，对它们进行汇总、理解并消化，以求最大化地开发数据的功能，发挥数据的作用。数据分析是为了提取有用信息和形成结论而对数据加以详细研究和概括总结的过程。这一过程也是质量管理体系的支持过程。

数据分析的目的是把隐藏在一大批看似杂乱无章的数据背后的信息集中和提炼出来，总结出研究对象的内在规律。在实际工作中，数据分析能够帮助管理者进行判断和决策，以便采取适当的策略与行动。

在统计学领域，有些人将数据分析划分为描述性数据分析、探索性数据分析以及验证性数据分析，如图 5-1 所示。其中，描述性数据分析属于初级数据分析，常见的分析方法有对比分析法、平均分析法、交叉分析法等；探索性数据分析以及验证性数据分析属于高级数据分析，常见的分析方法有相关分析、因子分析、回归分析等。我们日常工作与学习中更常见的是描述性数据分析，属于初级数据分析；而探索性数据分析侧重于在数据之中发现新的特征；验证性数据分析则侧重于对已有假设的证实或证伪。

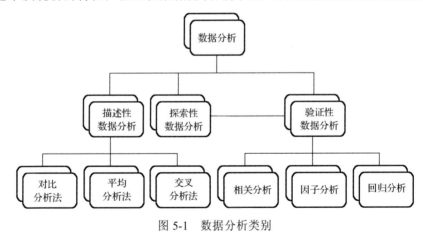

图 5-1　数据分析类别

5.1　数据分析方法论

做数据分析时，人们通常会不知道从哪些方面入手。如何设计分析的方案？分析的内容和指标是否完整合理？这些困惑的产生都源于分析者对数据分析的原理不清，没有理论的指引。数据分析方法论就是指导数据分析者进行一个完整的数据分析的理论支撑，它是从宏观的角度指导如何进行数据分析，指导数据分析的思路，而数据分析法则是从微观的角度指导如何具体进行数据分析。

以营销、管理为例，营销方面的理论模型有：4P、用户使用行为、STP 理论、SWOT

等。管理方面的理论模型有：PEST、5W2H、时间管理、生命周期、逻辑树、金字塔、SMART 原则等。数据分析方法、数据分析技术、数据分析工具的对比图如图 5-2 所示。

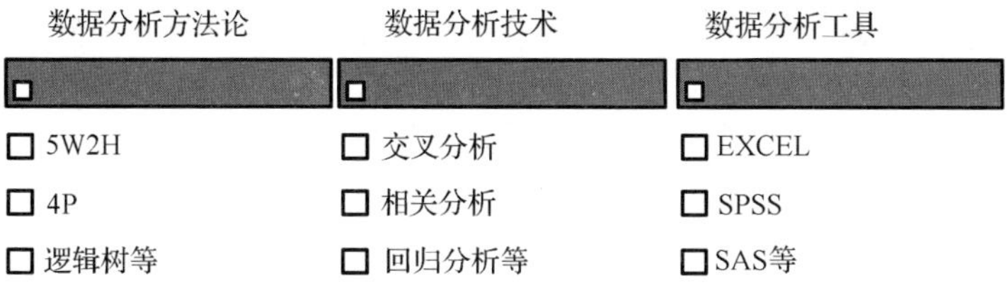

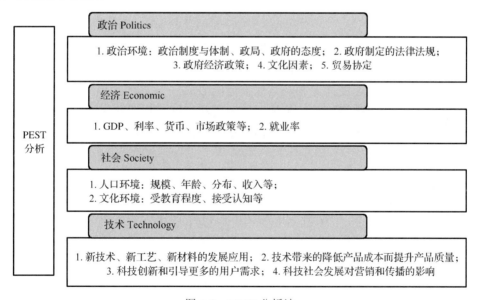

图 5-2　数据分析方法、技术、工具对比图

5.1.1　PEST 分析法

　　PEST 为一种企业所处宏观环境分析模型，P 是政治(Politics)，E 是经济(Economic)，S 是社会(Society)，T 是技术(Technology)。这些是企业的外部环境，一般不受企业掌握，这些因素也被戏称为"pest(有害物)"。PEST 要求高级管理层具备相关的能力及素养。

　　对宏观环境因素进行分析时，由于不同行业和企业有其自身特点和经营需要，分析的具体内容会有差异。在 PEST 分析法中，用这四类影响企业的主要外部环境因素进行分析，如图 5-3 所示。

图 5-3　PEST 分析法

1.　政治环境

　　政治环境包括一个国家的社会制度，政府的方针、政策、法规等。不同的国家有不同的社会性质，不同的社会制度对组织活动有不同的限制和要求。即使社会制度相同的同一国家，在不同时期，政府的方针、政策对组织活动的态度和影响也是不断变化的。

　　构成政治环境的关键指标有：政治体制、经济体制、财政政策、税收政策、产业政策、投资政策、专利数量、国防开支水平、政府补贴水平、民众对政治的参与度等。

2. 经济环境

经济环境主要包括宏观和微观两个方面的内容。宏观经济环境主要指一个国家的国民收入、国民生产总值及其变化情况，以及通过这些指标反映的国民经济发展水平和发展速度。

微观经济环境主要指企业所在地区或所服务地区消费者的收费水平、消费偏好、储蓄情况、就业程度等因素，这些因素直接决定着企业目前及未来的市场大小。

构成经济环境的关键指标有：GDP 及增长率、进出口总额及增长率、利率、汇率、通货膨胀率、消费价格指数、居民可支配收入、失业率、劳动生产率等。

3. 社会文化环境

社会环境包括一个国家或地区的居民的受教育程度和文化水平、风俗习惯、审美观点、价值观念等。文化水平会影响居民的需求层次；风俗习惯会禁止或抵制某些活动的进行；价值观念会影响居民对组织目标、组织活动，以及组织存在本身的认可；审美观点则会影响人们对组织活动内容、活动方式，以及活动成果的态度。

构成社会环境的关键指标有：人口规模、性别比例、年龄结构、出生率、死亡率、妇女生育率、生活方式、购买习惯、教育状况等。

4. 技术环境

技术环境除了要考察与企业所处领域直接相关的技术手段的发展变化外，还应及时了解：国家对科技开发的投资和支持重点；该领域技术发展动态和研究开发费用总额；技术转移和技术商品化速度；专利及其保护情况等。

构成技术环境的关键指标有：新技术的发明和进展、折旧和报废速度、技术更新速度、技术传播速度、技术商品化速度、国家重点支持项目、国家投入的研发费用、专利个数、专利保护情况等。

5.1.2　5W2H 分析法

5W2H 分析法是以 5 个 W 开头的英文单词和两个 H 开头的英文单词进行提问，从答案中梳理存在的问题和解决问题的方法。提出疑问对于发现问题和解决问题是极其重要的。富有创造力的人都是善于提出问题的人。发明者在设计开发一个新产品时，总是提出：为什么(WHY)、做什么(WHAT)、谁来做(WHO)、何时(WHEN)、何地(WHERE)、如何(HOW)、多少(HOW MUCH)。这就构成了 5W2H 分析法的总框架，如图 5-4 所示。

(1) WHY(工作目的)——为什么？为什么要这么做？原因是什么？

(2) WHAT(工作内容)——是什么？目的是什么？做什么工作？

(3) WHO(工作人员)——谁？由谁来承担？谁来完成？谁负责？

(4) WHEN(工作时间)——何时？什么时间完成？什么时机最合适？

(5) WHERE(工作地点)——何处？在哪里做？从哪里入手？

(6) HOW(工作方法)——怎么做？如何提高效率？如何实施？方法怎样？

(7) HOW MUCH(工作资源)——多少？做到什么程度？数量如何？质量水平如何？费用产出如何？

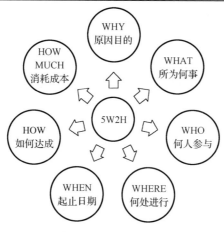

图 5-4 5W2H 分析法

该方法简单、方便、易于理解和使用，富有启发意义，被广泛用于企业营销、管理活动中，对于决策和执行性的活动措施非常有帮助，也有助于弥补考虑问题时的疏漏。其实对任何事情都可以从这 7 个方面进行思考，对于不善于分析的人，这是一个很好的方式。所以，很适用于指导数据分析框架的建立。

现在以检查原产品合理性为例，根据 5W2H 分析法我们可以提出如图 5-5 所示问题。

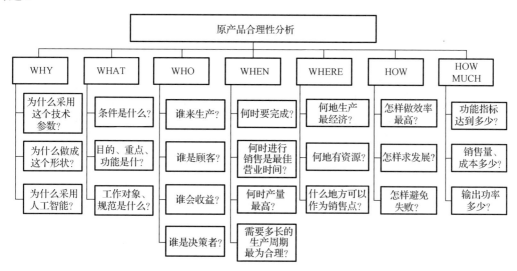

图 5-5 5W2H 原产品合理性分析

该案例中所涉及的 7 个方面的问题，如果经过 5W2H 分析均无懈可击，那么就可以认定这个产品或者这个方案可取；如果 7 个方面的问题中存在问题，则表示这方面有改进的余地；如果哪个方面的回答很有创新性，则表示可以进一步扩大这方面的效用。

5.1.3 逻辑树分析法

逻辑树又称为问题树、演绎树或分解树等，它是最常用的分析问题的工具。逻辑树是将问题的所有子问题分层罗列，从最高层开始，并逐步向下扩展。

把一个已知问题当成树干，然后开始考虑这个问题与哪些相关问题或者子问题有关系。每考虑到一点，就给这个问题加一个分支(树枝)，并标明这个分支(树枝)代表什么问题。一个大的分支(树枝)上还可以有多个小的分支(树枝)，以此类推，找出问题的所有相关联项目，即构成了一棵枝叶繁茂的逻辑树。

逻辑树主要是帮助你理清思路，从而保证解决问题的过程的完整性。将工作细分到每一个环节，将大问题分解为一系列操作的步骤，并且确定其先后次序，再将任务落实到个人。

逻辑树有几种类型，包括：议题树、假设树、是否树等。其中，议题树主要用于解决问题的早期，这个时候对问题了解不多，还没有足够能够形成假设的基础。使用议题树将一项大议题细分为有内在逻辑联系的副议题，从而将问题分解为可以分别处理的便于操作的小块。假设树主要用于对情况有足够多的了解，能够提出合理的假设时，可以根据实际问题假设一种解决方案，并确认足够必需的论据来证明或否定这种假设，这样可以将目光较早地集中于潜在的解决方案，加快解决问题的进程。是否树主要是当对事物及其结构已经有良好的解释后，针对一些目前要做决定的事情，通过是否树进行沟通，并且理清可能的决策和相关决策标准之间的关系，对做决定有关键意义的问题进行是否判断可行，最终产生合理的建议。逻辑树的分类如表 5-1 所示。

表 5-1　逻辑树的分类

类型	描述	作用	使用时机
议题树	将一项议题细分为存在内在逻辑联系的副议题	将问题分解为可以分别处理的便于操作的小块	在解决问题过程的早期，这时还没有足够的可以形成假设的基础
假设树	假设一种解决方案，并确认足够必需的证据来证明或否定这一假设方案	较早地集中于潜在的解决方案，加快解决问题的进程	当对情况有足够多的了解时，能提出合理的假设
是否树	说明可能的决策和相关的决策标准之间的联系	确认对目前要做的决定有关健意义的问题	当对事物及其结构有良好的理解，并可以将此作为沟通工具时

逻辑树的使用必须遵循以下 3 个原则。

(1)要素化：把相同问题总结归纳成要素。

(2)框架化：将各个要素组织成框架，遵守不重不漏的原则。

(3)关联化：框架内的各要素保持必要的相互关系，简单而不孤立。

利用逻辑树分析法，有助于理清分析思路。例如，在计算投资回报率时，我们可以用逻辑树将计算议题分解为各个有逻辑联系的小议题，一路细分直至可以操作的小块。

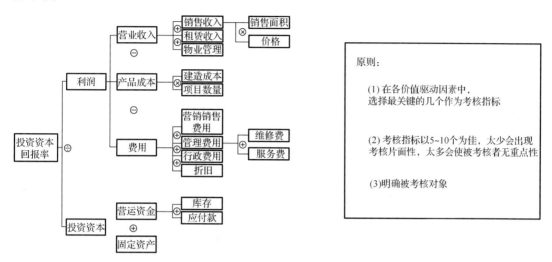

图 5-6　逻辑树计算投资资本回报率

不过逻辑树分析法也有它的缺点，就是涉及的相关问题可能有遗漏，虽然可以用头脑风暴法把涉及的问题总结归纳出来，但还是难以避免存在考虑不周的地方。所以在使用逻辑树分析时，是否能够将问题考虑周全成为成功的重要因素。

5.1.4　4P 营销理论

4P 营销理论（The Marketing Theory of 4Ps）产生于 20 世纪 60 年代的美国，是随着营销组合理论的提出而出现的，如图 5-7 所示。以 4P 为核心的营销组合方法具体如下。

1. 产品（Product）

注重开发的功能，要求产品有独特的卖点，把产品的功能诉求放在第一位。

2. 价格（Price）

根据不同的市场定位制定不同的价格策略，产品的定价依据是企业的品牌战略，注重品牌的含金量。

3. 渠道（Place）

企业并不直接面对消费者，而是注重经销商的培育和销售网络的建立，企业与消费者的联系是通过分销商来进行的。

4. 宣传（Promotion）

宣传包括品牌宣传（广告）、公关、促销等一系列的营销行为。

图 5-7　4P 营销理论

4P 营销理论实际上是从管理决策的角度来研究市场营销问题。从管理决策的角度看，影响企业市场营销活动的各种因素(变数)可以分为两大类：一是企业不可控因素，即营销者本身不可控制的市场和营销环境，包括微观环境和宏观环境；二是可控因素，即营销者自己可以控制的产品、商标、品牌、价格、广告、渠道等。而 4P 就是对各种可控因素的归纳。

(1)产品策略(Product Strategy)，主要是指企业以向目标市场提供各种适合消费者需求的有形和无形产品的方式来实现其营销目标。其中包括对与产品有关的品种、规格、式样、质量、包装、特色、商标、品牌，以及各种服务措施等可控因素的组合和运用。

(2)定价策略(Pricing Strategy)，主要是指企业以按照市场规律制定价格和变动价格等方式来实现其营销目标。其中包括对与定价有关的基本价格、折扣价格、津贴、付款期限、商业信用，以及各种定价方法和定价技巧等可控因素的组合和运用。

(3)分销策略(Placing Strategy)，主要是指企业以合理地选择分销渠道和组织商品实体流通的方式来实现其营销目标。其中包括对与分销有关的渠道覆盖面、商品流转环节、中间商、网点设置，以及储存运输等可控因素的组合和运用。

(4)宣传策略(Promoting Strategy)，主要是指企业以利用各种信息传播手段刺激消费者购买欲望，促进产品销售的方式来实现其营销目标。其中包括对与促销有关的广告、人员推销、营业推广。公共关系等可控因素的组合和运用。

4P 理论其意指市场需求或多或少地在某种程度上受到所谓"营销变量"或"营销要素"的影响。采用 4P 营销理论对数据分析进行指导，可全面了解公司的整体运营情况，搭建公司业务分析框架，如图 5-8 所示。

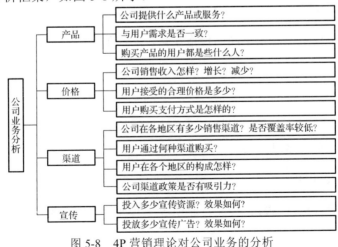

图 5-8　4P 营销理论对公司业务的分析

5.1.5　用户使用行为理论

用户使用行为是指用户为获取、使用产品或服务所采取的各种行动。用户行为分析，是指在获得网站访问量基本数据的情况下，对有关数据进行统计、分析，从中发现用户访问网站的规律，并将这些规律与网络营销策略等相结合，从而发现目前网络营销活动中可能存在的问题，并为进一步修正或重新制定网络营销策略提供依据。

而网站分析已经发展较为成熟，有一整套的分析指标。面对众多的分析指标，我们需要利用用户使用行为理论，梳理网站分析各项关键指标之间的逻辑关系，从而构建符合企业实际业务的网站分析指标体系，具体问题具体分析。

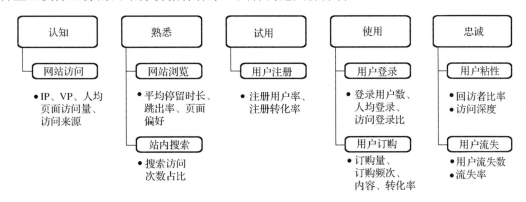

图 5-9　用户使用行为理论在网站分析中的应用

如图 5-9 所示，通过对用户行为监测获得的数据进行分析，可以让企业更加详细、清楚地了解用户的行为习惯，从而找出网站、推广渠道等企业营销环境存在的问题，有助于企业开发高转化率页面，让企业的营销更加精准、有效，提高业务转化率，从而提升企业的广告收益。

5.1.6　数据分析方法论

做数据分析时，经常会遇到这几个问题：不知从哪方面入手开展分析，分析的内容和指标常常被质疑是否合理完整等。对于这些问题数据分析者常常会感到困惑，此时，就应该有适合的数据分析方法论做指导。方法论结合了实际业务，才能确保数据分析维度的完整性和结果的有效性。

数据分析的三大作用主要是：现状分析、原因分析和预测分析。

数据分析的步骤如图 5-10 所示。

图 5-10　数据分析步骤

数据分析的目的必须明确，分析才具有价值。明确目的后，需要梳理思路，搭建分析框架，把分析目的分解成若干个不同的分析要点，然后针对每个分析要点确定分析方法和具体分析指标；最后，确保分析框架的体系化，如以营销、管理等理论为指导，结合实际业务情况，搭建分析框架，使分析结果具有说服力。

数据分析的方法论主要在以下方面。

营销方面的理论模型有：4P、用户使用行为、STP 理论、SWOT 等。

管理方面的理论模型有：PEST、5W2H、时间管理、生命周期、逻辑树、金字塔、SMART 原则等。

本节主要介绍 PEST、5W2H、逻辑树、4P、用户使用行为这 5 个比较经典实用的理论，了解如何在搭建数据分析框架时应用它们做指导。

(1) PEST：主要用于行业分析。

(2) 5W2H：主要用于企业营销、管理活动，帮助决策和执行性活动措施，有助于弥补考虑问题的疏漏。

(3) 逻辑树：可用于业务问题专题分析，有助于理清自己的思路，避免进行重复和无关的思考。

(4) 4P：主要用于公司整体经营情况分析。

(5) 用户使用行为：用途较为单一，就是用于用户行为的研究分析。

明确数据分析方法论的主要作用如下。

(1) 理顺分析思路，确保数据分析结构体系化。

(2) 把问题分解成相关联的部分，并显示它们之间的关系。

(3) 为后续数据分析的开展指引方向。

(4) 确保分析结果的有效性及正确性。

数据分析方法论和数据分析法的区别如下。

数据分析方法论主要是从宏观角度指导如何进行数据分析，它就像一个数据分析的前期规划，指导后期数据分析工作的开展。而数据分析法则指具体的分析方法，比如对比分析、交叉分析、相关分析、回归分析等。数据分析法主要从微观角度指导如何进行数据分析。

5.2　数据分析法相关技术

本节将介绍如何在 Excel 中进行数据分析，并介绍数据透视表工具。数据透视表是 Excel 中对数据表各字段进行快速分类汇总的一种交互式数据分析工具，假设我们已经运用第 4 章所授知识对原始数据进行了预处理，形成了数据规范的一维表，下面就可以根据具体应用场景，依据合理的分析方法，结合优势分析工具进行数据分析。

5.2.1　对比分析法

对比法也叫对比分析法或者比较分析法，是通过实际数与基数的对比来揭示实际数与基数之间的差异，借以了解经济活动的成果和问题的一种分析方法。在科学探究活动中，常常用到对比分析法，这种分析法与等效替代法相似。

对比分析法可以分为静态比较和动态比较两类。

1.　静态比较

静态比较是在同一时间条件下对不同总体指标的比较，如对不同部门、区域、国家的比较，也称为横向比较，简称横比。

横比有很多典型的实践运用：

(1)与目标对比，即实际完成值与目标进行对比。例如，每个企业可以将目前业绩与全年业绩目标进行对比，从而了解企业的运营情况。为更精确地了解，可将目标按时间拆分，或者直接计算完成率，再与时间进度(目前天数/全年天数)进行对比。

(2)与行业对比，即与行业中的标杆企业、竞争对手或行业平均水平进行对比。也可以拆分对比指标，了解哪些指标领先，哪些指标落后，进而明确企业在行业中的位置，并正确拟定下一步发展方向和目标。

(3)与同级部门、单位、地区对比，通过对比了解自身发展水平。

2.　动态比较

动态比较是在同一总体条件下对不同时期指标数值的比较，也称为纵向比较，简称纵比。

动态比较分析法中，按照发展速度采用基期的不同，可分为同比、环比和定基比分析，三者均用百分数和倍数表示。

(1)同比分析(相同时期相比的简称)主要是为了消除季节变动的影响，用以说明本期发展水平与去年同期发展水平对比而达到的相对发展速度。例如，本期 2 月比去年 2 月。实际工作中，经常使用这个指标，如某年、某季、某月与上年同期对比计算的发展速度，就是同比。

$$同比=本期发展水平/去年同期发展水平×100\%$$

$$同比增长率=(本期发展水平–去年同期发展水平)/去年同期发展水平×100\%$$

(2)环比分析(相邻期间的比较)是以报告期水平与前一期水平对比所得到的动态相对数，表明现象逐期的发展变动程度。如计算一年内各月与前一个月对比，即 2 月比 1 月，3 月比 2 月……12 月比 11 月，说明逐月的发展程度。环比分为日环比、周环比、月环比和年环比。

$$环比=本期数据/上期数据×100\%$$

$$环比增长率=(本期数据–上期数据)/上期数据×100\%$$

(3)定基比分析也叫总速度，是报告期水平与某一固定水平之比，表明这种现象在较长时期内总的发展速度。如"九五"期间各年水平都以 1995 年水平为基期进行对比，一年内各月水平，均以上年 12 月水平为基进行对比，就是定基发展速度。

静态、动态两种方法可以结合使用，也可以单独使用。比较的结果可用相对数表示，如百分比、倍数等。

对比分析法案例：

为了提高网络安全性，新浪公司推动微博用户手机绑定实名认证活动。移动通信公司希望了解用户是否手机绑定微博情况，因此提供了相关基础数据，要求对手机用户微博绑定情况进行统计分析。

（1）打开基础数据文件"用户明细表.xlsx"中"号码库"表。

（2）选中 A、B 两列，在"插入"菜单下选择数据透视表，确定后打开数据透视表编辑环境，如图 5-11 所示。

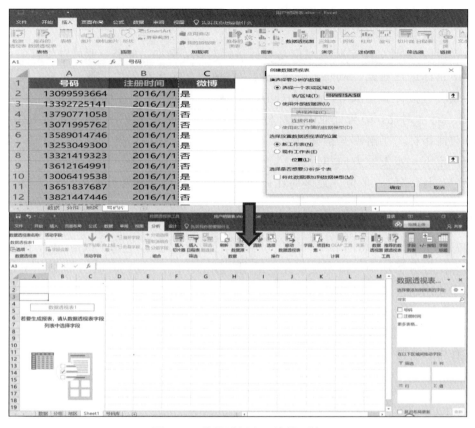

图 5-11　数据透视表，编辑环境

（3）按照先总后分的思路，将号码列拉动到数据透视表汇总区域，可以得到用户总数，如图 5-12 所示。

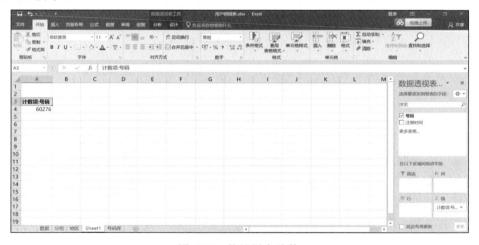

图 5-12　统计用户总数

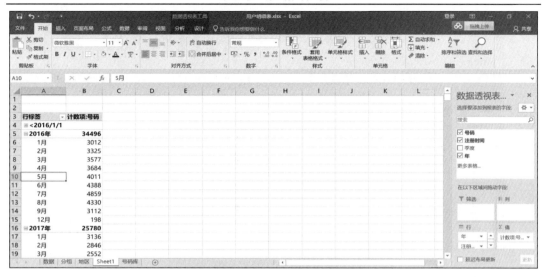

图 5-13　注册用户数据(年/月)

(4)将注册时间标签拉动到行区域,这时在数据透视表设置区域自动产生年、季度两个选项,去除季度选项后,得到每一年每个月的注册用户数据,如图 5-13 所示。

(5)环比分析:将号码再次拉到计数项区域,在新增列中右击,在弹出菜单中选择"值字段设置"选项,在"值字段设置"对话框中"值显示方式"中,选择"差异百分比"显示方式,"基本字段"中选择"注册时间","基本项"中选择"上一个",如图 5-14 所示。单击"确定"按钮,得到环比分析数据,如图 5-15 所示。

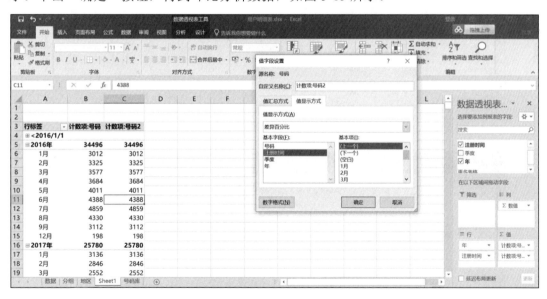

图 5-14　环比分析值字段设置

(6)同比分析:将号码再次拉到计数项区域,在新增列中右击,在弹出菜单中选择"值字段设置"选项,在"值字段设置"对话框中选择"值显示方式"选项卡,选择"差异百分比"显示方式,"基本字段"选择"年","基本项"选择"上一个",如图 5-16 所示,确定后得到同比分析数据,如图 5-17 所示。

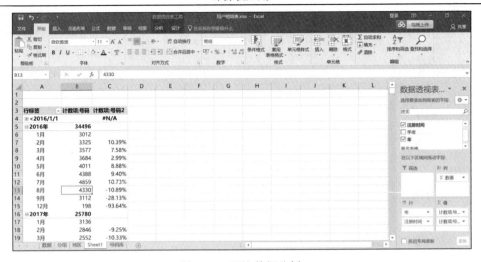

图 5-15　环比数据分析

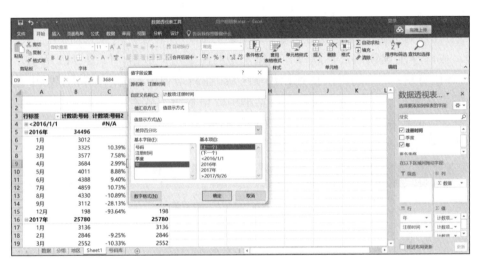

图 5-16　同比分析值字段设置

图 5-17　同比数据分析

5.2.2　结构分析法

结构分析法是指对经济系统中各组成部分及其对比关系变动规律的分析。如国民生产总值中 3 种产业的结构及消费和投资的结构分析、经济增长中各因素作用的结构分析等。结构分析主要是一种静态分析，即对一定时间内经济系统中各组成部分变动规律的分析。如果对不同时期内经济结构变动进行分析，则属动态分析。

结构分析法是在统计分组的基础上，计算各组成部分所占比重，进而分析某一总体现象的内部结构特征、总体的性质、总体内部结构依时间推移而表现出的变化规律性的统计方法。结构分析法的基本表现形式就是计算结构指标。

结构相对指标(比例)的计算公式：

$$结构相对指标(比例)=总体某部分的数值/总体总量×100\%$$

在 Excel 结构分析中，一般先对分析对象做定性分组，然后再进行占比计算。定性分组指将分析数据按照事物的属性进行结构分组，如：性别。

结构分析法案例：

移动公司用户对是否手机绑定微博功能情况分析。

(1)打开基础数据文件"用户明细表.xlsx"中"号码库"表。

(2)定性分组：选中 A、B、C 三列，在"插入"菜单下选择数据透视表，确定后打开数据透视表编辑环境。按照先总后分的思路，将"号码"列拉动到数据透视表汇总区域，将"微博"列拉到行标签，得到手机号是否开通微博功能的两组数据，如图 5-18 所示。

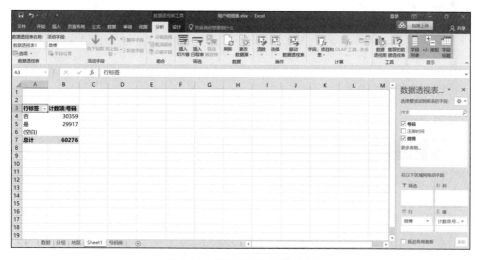

图 5-18　结构分析-定性分组

(3)占比计算：在新增列中右击，在弹出菜单中选择"值字段设置"选项，在"值字段设置"对话框中选择"值显示方式"选项卡，选择"列汇总百分比"显示方式，确定后得到各分组项的结构占比，如图 5-19 所示。

(4)我们还可以加入时间维度，查看结构的趋势变化。将"微博"拉到列标签，将"注册时间"拉到行标签，设置"值显示方式"为"行汇总百分比"，去除空白行，将行标签中的"年"拉到筛选器中，选择 2016 年数据，这样就得到了 2016 年每月的用户趋势变化。为了使数据展示更加直观，我们可以利用"图表"中的"百分比堆积柱形图"来辅助数据趋势展示，如图 5-20 时间趋势变化分析所示。

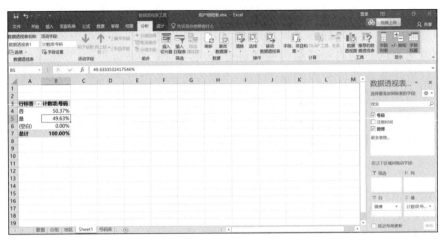

图 5-19　结构分析-占比计算

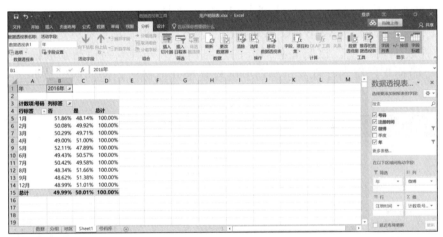

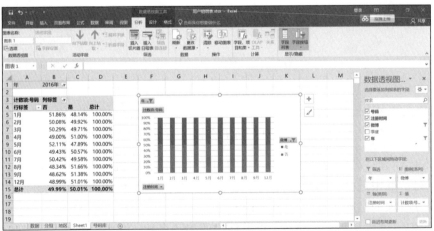

图 5-20　时间趋势变化分析

5.2.3 分布分析法

分布分析法是指根据分析目的，将数值型数据进行等距或不等距的分组，常见的有消费分布分析、收入分布分析、年龄分布分析等。分布分析法是通过对数据的变动分布状态的分析，从中发现问题的一种重要方法。

进行分布分析需要对分析数据进行定量分组。在 Excel 中有两种方法进行定量分组，一种是使用 Vlookup()函数，另一种是使用数据透视表直接进行数值型数据的分组。

分布分析法案例：

对用户的月消费进行分组分析。

(1)打开基础数据文件"用户明细表.xlsx"中"数据"表。

(2)用 VLOOKUP 函数的模糊匹配功能添加分组：选中"数据"表中 H2 单元格，插入函数 VLOOKUP，并进行函数参数设置，如图 5-21 所示。

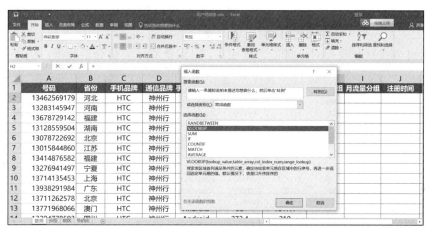

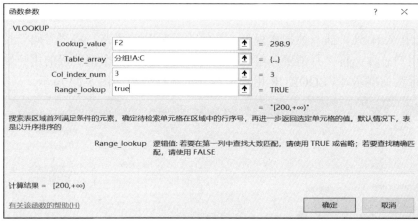

图 5-21 VLOOKUP 函数添加分组

VLOOKUP 函数参数说明。

Lookup_value：需要在数据表第一列中进行查找的数值。本案例中因要对用户的月消费情况进行分布分析，因此该参数设置为每个用户的月消费金额。

Table_array：需要在其中查找数据的数据表。使用对区域或区域名称的引用。本案例中，因使用 VLOOKUP 函数分组，因此专门建立了"分组"表，并在"分组"表中对用户的月消费数据进行了分组，根据用户的消费情况分为 3 个组：消费金额在 0~99 元的为低消费组、100~199 元的为中消费组、200 元及以上的为高消费组。本例中 Table_array 的值为该分组表所在区域，即：分组!A:C。

Col_index_num：为 table_array 中查找数据的数据列序号。Col_index_num 为 1 时，返回 Table_array 第 1 列的数值，Col_index_num 为 2 时，返回 Table_array 第 2 列的数值，以此类推。如果 Col_index_num 小于 1，函数 VLOOKUP 返回错误值#VALUE!；如果 Col_index_num 大于 Table_array 的列数，函数 VLOOKUP 返回错误值#REF!。在本案例中为分组表第 3 列。

Range_lookup：为一逻辑值，指明函数 VLOOKUP 查找时是精确匹配，还是近似匹配。如果为 false 或 0，则返回精确匹配，如果找不到，则返回错误值#N/A。如果 Range_lookup 为 true 或 1，函数 VLOOKUP 将查找近似匹配值，也就是说，如果找不到精确匹配值，则返回小于 Lookup_value 的最大数值。如果 Range_lookup 省略，则默认为近似匹配。本案例中，为模糊查询 1 或 true。

(3) 通过公式复制及相对地址的合理引用，得到全部月消费分组数据，如图 5-22 所示。

号码	省份	手机品牌	通信品牌	手机操作系统	月消费（元）	月流量（M）	月消费分组
13206825217	河北	HTC	神州行	Android	298.9	318.6	[200,+∞)
13531740942	河南	HTC	神州行	Android	272.8	1385.9	[200,+∞)
13643223335	福建	HTC	神州行	Android	68.8	443.6	[0,100)
13266379304	湖南	HTC	神州行	Android	4.6	817.3	[0,100)
13178046653	北京	HTC	神州行	Android	113.2	837.4	[100,200)
13938618529	江苏	HTC	神州行	Android	34.3	1908.5	[0,100)
13972118366	福建	HTC	神州行	Android	277.5	79.8	[200,+∞)
13406253194	宁夏	HTC	神州行	Android	42.2	1199.2	[0,100)
13360385903	上海	HTC	神州行	Android	277	694	[200,+∞)
13148220748	广东	HTC	神州行	Android	276.9	1404	[200,+∞)
13186830024	北京	HTC	神州行	Android	124.5	1436.2	[100,200)
13955459647	澳门	HTC	神州行	Android	96	1617.4	[0,100)

图 5-22　用户月消费分组数据

(4) 选中 A:H 列，插入数据透视表，按照先总后分的思路，将"号码"拉到汇总区域，得到用户总数；将"月消费分组"拉到行标签，得到每个消费段的用户数。可配合柱形图进行数据展示，VLOOKUP-用户消费分组数据分析如图 5-23 所示。

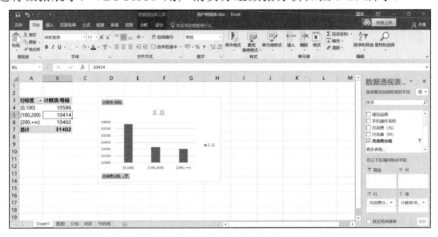

图 5-23　VLOOKUP-用户消费分组数据分析

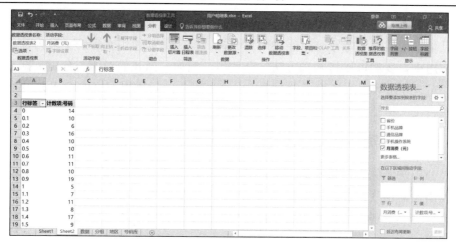

图 5-24 每一消费值的用户数

(5) 用数据透视表进行分组：选中 A:F 列，插入数据透视表，按照先总后分的思路，将 "号码" 拉到汇总区域，得到用户总数；将 "月消费" 拉到行标签，得到每一消费值的用户数，如图 5-24 所示。然后，对消费值创建组，在 "组合" 对话框中设置 "步长" (组距) 为 50，这时即得到用户的消费分布。可配合柱形图进行数据展示，数据透视表-用户消费分组数据分析如图 5-25 所示。

图 5-25 数据透视表-用户消费分组数据分析

以上用了 Excel 中的两种方法进行分布分析，它们均能进行不同程度的分布分析。但是在使用中也存在明显区别：数据透视表方法便于理解，并且能够快速实现分组，但它只能进行等距分组，如本案例中按等距步长 50 分组；而 VLOOKUP 函数能够根据需要生成具体字段实现不等距分组，供用户分析，但函数的使用在理解上较为抽象困难。在实际应用中，我们可以将两种方法结合使用，例如，当我们对所需分析数据了解不深时，可以先选择用数据透视表了解数据的分布特征，然后再用 VLOOKUP 进行有针对性的分组，自定义更适合的分组范围，以便更合理、更深入地进行数据分布分析。

5.2.4　交叉分析法

交叉分析法又称立体分析法，是在纵向分析法和横向分析法的基础上，从交叉、立体的角度出发，由浅入深、由低级到高级的一种分析方法。交叉分析是指对数据在不同维度上进行交叉展现，进行多角度结合分析的方法，弥补了独立维度进行分析无法发现的一些问题。

交叉分析法通常用于分析两个变量之间的关系，即同时将两个有一定联系的变量及其值交叉排列在一张表格内，使各变量值成为不同变量的交叉点，形成交叉表，从而分析交叉表中变量之间的关系，所以也叫交叉表分析法。例如，各个报纸阅读者和年龄之间的关系。实际使用中，我们通常把这个概念推广到行变量和列变量之间的关系，这样行变量可能由多个变量组成，列变量也可能有多个变量，甚至可以只有行变量没有列变量，或者只有列变量没有行变量。

本节主要介绍如何利用 Excel 表进行交叉分析。交叉分析法用于分析两个或两个以上分组变量间的关系，以交叉表的形式进行变量间关系的对比分析。分组变量可以是定量、定量分组交叉分析，或定性、定性分组交叉分析，也可以是定量、定性分组交叉分析。当然，还可以对 3 个及其以上的分组变量进行交叉分析。本节只涉及两个分组变量的交叉分析。

交叉分析法案例：

结合某通信公司数据，根据消费、流量两个维度对其用户数进行交叉分析。

(1) 打开基础数据文件“用户明细表.xlsx”中“数据”表，这张数据表上有每个用户的月消费及月流量的统计数据，如图 5-26 所示。根据月消费、月流量的“分组”表也已经建立，如图 5-27 所示。“分组”表中，按照月消费的不同将用户分为低消费、中消费、高消费 3 组，按照月流量的不同将用户分为低流量、中流量、高流量 3 组。

号码	省份	手机品牌	通信品牌	手机操作系统	月消费（元）	月流量（M）	月消费分组	月流量分组	注册时间
13953431533	河北	HTC	神州行	Android	298.9	318.6			
13353219109	河南	HTC	神州行	Android	272.8	1385.9			
13651580129	福建	HTC	神州行	Android	68.8	443.6			
13592019801	湖南	HTC	神州行	Android	4.6	817.3			
13795282755	北京	HTC	神州行	Android	113.2	837.4			
13459711986	江苏	HTC	神州行	Android	34.3	1908.5			
13040935764	福建	HTC	神州行	Android	277.5	79.8			
13872620595	宁夏	HTC	神州行	Android	42.2	1199.2			
13988840885	上海	HTC	神州行	Android	277	694			
13655278077	广东	HTC	神州行	Android	276.9	1404			
13639721038	北京	HTC	神州行	Android	124.5	1436.2			
13174404403	澳门	HTC	神州行	Android	96	1617.4			

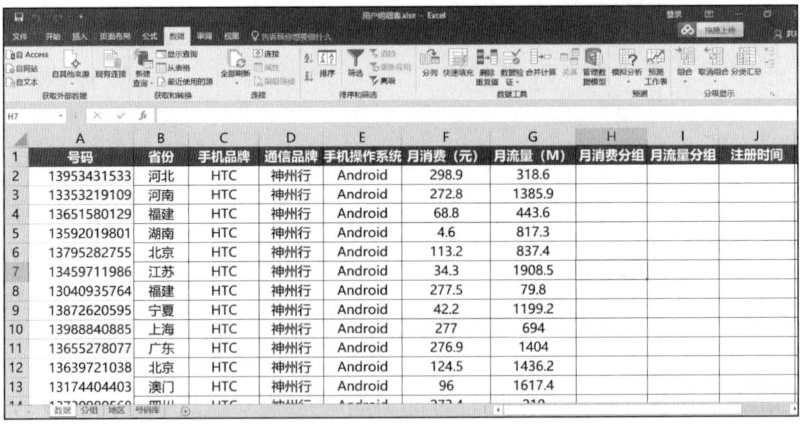

图 5-26　用户明细表-数据

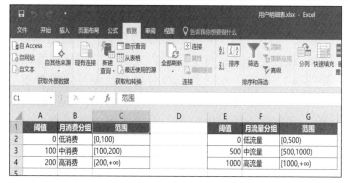

图 5-27　用户明细表-分组

（2）用 VLOOKUP 函数对月消费进行分组：选中"数据"表中 H2 单元格，插入函数 VLOOKUP，并进行函数参数设置，单击"确定"按钮后得到第一个用户的消费分组档次，随后通过填充柄进行公式的复制，得到结果月消费分组参数设置如图 5-28 所示，月消费分组结果如图 5-29 所示。

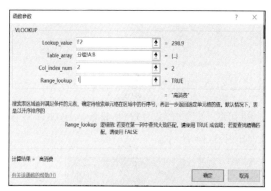

图 5-28　月消费分组参数设置

图 5-29　月消费分组结果

（3）用 VLOOKUP 函数对月流量进行分组：选中"数据"表中 I2 单元格，插入函数 VLOOKUP，并进行函数参数设置，月流量分组参数设置如图 5-30 所示。单击"确定"按钮，得到第一个用户的流量分组档次，随后通过填充柄进行公式的复制，得到月流量分组结果如图 5-31 所示。

图 5-30　月流量分组参数设置

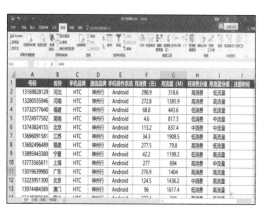

图 5-31　月流量分组结果

这时就为每一位用户标注了不同的消费及流量等级标签。

(4)制作交叉分析表：选中 A:I 列，插入数据透视表，按照先总后分的思路，将"号码"拉到汇总区域，得到用户总数；将"月消费分组"拉到行标签，得到按照消费维度 3 个组的用户数，如图 5-32 所示。将"月流量分组"拉到月标签，得到交叉分析表，从月消费和月流量两个维度进行交叉，分成了 9 个用户群体，即：低消费低流量用户数、低消费高流量用户数、低消费中流量用户数、高消费低流量用户数、高消费高流量用户数、高消费中流量用户数、中消费低流量用户数、中消费高流量用户数、中消费中流量用户数，如月消费+月流量交叉分析结果如图 5-33 所示。

图 5-32　按消费维度分组　　　　　　图 5-33　月消费+月流量交叉分析结果

(5)双击任意一个用户群体用户数单元格，即可得到该群体用户明细表。比如，双击 C6 单元格，及得到高消费高流量用户明细表，如图 5-34 所示。

号码	省份	手机品牌	通信品牌	手机操作系统	月消费（元）	月流量（M）	月消费分组	月流量分组
13342176756	贵州	HTC	神州行	Android	256.1	1515.1	高消费	高流量
13280555946	河南	HTC	神州行	Android	272.8	1385.9	高消费	高流量
13377671472	陕西	HTC	神州行	Android	214.9	1272.8	高消费	高流量
13688716825	吉林	HTC	神州行	Android	290.6	1602.9	高消费	高流量
13802318529	上海	HTC	神州行	Android	260.9	1638.3	高消费	高流量
13543844935	山东	HTC	神州行	Android	228.9	1358.7	高消费	高流量
13285228039	河南	HTC	神州行	Android	208	1664.4	高消费	高流量
13574508071	浙江	HTC	神州行	Android	265.7	1082.8	高消费	高流量
13796051582	山东	HTC	神州行	Android	271.7	1146.5	高消费	高流量
13019639980	广东	HTC	神州行	Android	276.9	1404	高消费	高流量
13121340331	宁夏	HTC	神州行	Android	205.9	1755.7	高消费	高流量
13809304752	山东	HTC	神州行	Android	296.8	1912.7	高消费	高流量
13101214395	河北	HTC	神州行	Android	248.2	1690.1	高消费	高流量
13937203370	澳门	HTC	神州行	Android	204.4	1936.2	高消费	高流量
13251835602	内蒙古	HTC	神州行	Android	204.6	1875.8	高消费	高流量
13716612706	山西	HTC	神州行	Android	223.4	1750	高消费	高流量
13704226823	天津	HTC	神州行	Android	231	1266.3	高消费	高流量
13072806058	河北	HTC	神州行	Android	221.6	1160.6	高消费	高流量

图 5-34　高消费高流量用户明细表

以上案例是对数据进行双定量交叉分析，下面我们进行定性、定量交叉分析。

(6)将月流量分组去掉，将"通信品牌"拉到列标签，就可以得到各通信品牌、各消费段的用户数情况，定性、定量交叉分析如图 5-35 所示。

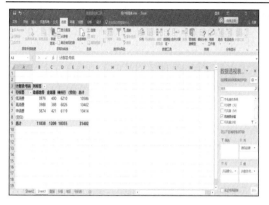
图 5-35　定性、定量交叉分析

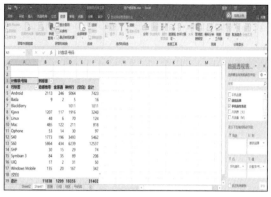
图 5-36　双定性交叉分析

也可以进行双定性交叉分析。

(7) 将月消费分组去掉，将"手机操作系统"拉到行标签，就可以得到各通信品牌、各手机操作系统的用户数情况，双定性交叉分析如图 5-36 所示。

5.2.5　矩阵分析法

矩阵分析法是指将事物的两个重要属性(指标)作为分析的依据，进行分类关联分析，找出解决问题的一种分析方法，也称为矩阵关联分析法，简称矩阵分析法。

矩阵图上各元素间的关系用数据进行量化，使整理和分析结果更加精确。这种用数据表示的矩阵图法，叫作矩阵数据分析法。

在矩阵图的基础上，把各个因素分别放在行和列，然后在行和列的交叉点上用数量来描述这些因素之间的对比，再进行数量计算、定量分析，确定哪些因素是比较重要的。

矩阵分析法案例：

根据某通信公司数据，结合均值分析每个大区用户的月消费及月流量情况。

(1) 打开基础数据文件"用户明细表.xlsx"中"数据"表，这张数据表上有每个用户的归属省份情况，但是并没有将省份归属大区。而在本文件的"地区"表里，则有省份与所属大区的对应关系，因此第 1 步要求我们先将大区情况对应到"数据"表中。具体步骤为：①选中 C 列，在其左侧插入新列"大区"；②选择 C2 单元格，使用 VLOOKUP函数，采用精确匹配，将省份所属大区对应到大区列；③用填充柄复制公式完成大区列数据的填充。如图 5-37 所示。

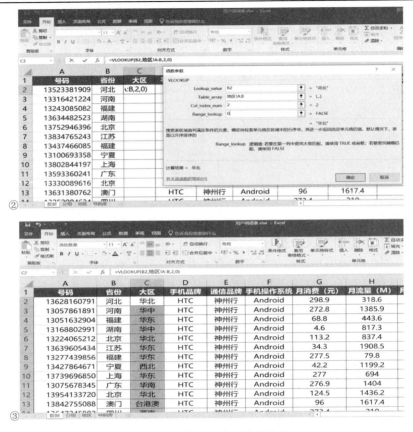

图 5-37　将大区对应到数据表中

(2) 从消费和流量两个角度来分析各大区的用户质量，采用平均值指标，因此需要计算各大区的平均消费及平均流量来反映各大区的用户质量。先选中 A:H 列，插入数据透视表。①将"月消费"拉到汇总区域，选择"值字段设置"选项，选择用于汇总所选字段的计算类型为"平均值"；②将"月流量"拉到汇总区域，选择"值字段设置"选项，选择用于汇总所选字段的计算类型为"平均值"，得到整体的用户的平均月消费及平均月流量；③将"大区"拉到行标签，即得到各大区用户的平均月消费及平均月流量；④选中数据透视表区域 A3:C12，复制，仅粘贴数值到 A15，以备制作矩阵图。矩阵分析-各大区消费及流量情况如图 5-38 所示。

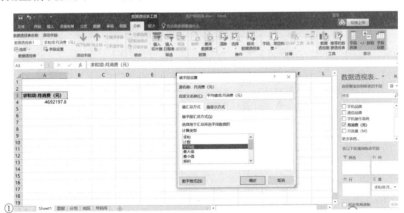

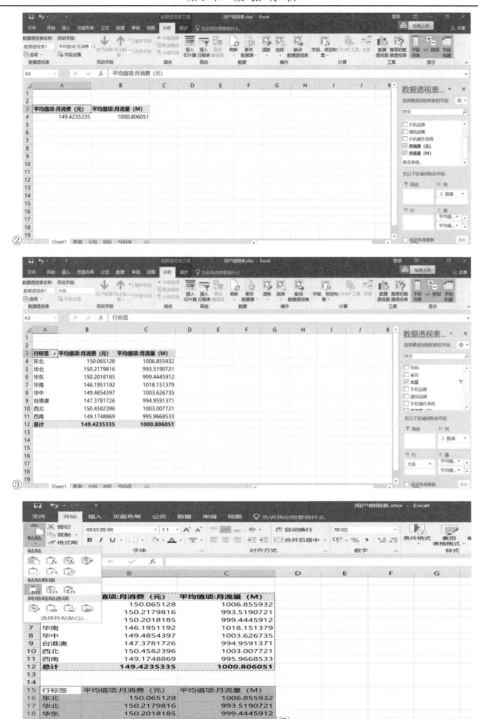

图 5-38 矩阵分析-各大区消费及流量情况

(3)制作矩阵图(散点图):①选中数据区域(各大区数据,不包含表头、标签和合计),插入散点图;②选中网格线将其删除,并设置 X、Y 轴在平均值处交叉,将矩阵图分为 4 个象限,即:分别选中 X 轴(Y 轴)右键菜单中选择设置坐标轴格式,设置纵坐标交叉坐标值为 149.4，横坐标交叉坐标值为：1000.8；③去除标签、图标标题；④添加散点的大区标签：选择散点，右键单击菜单选择"添加数据标签"，选中某一标签，右键菜单选择"设置数据标签格式"，在"标签选项"中仅选中"单元格中的值"，设置单元格区域为大区名称区域 A16:A23；⑤设置"标签位置"靠上，得到散点图。矩阵分析、矩阵图(散点图)数据展示如图 5-39 所示。

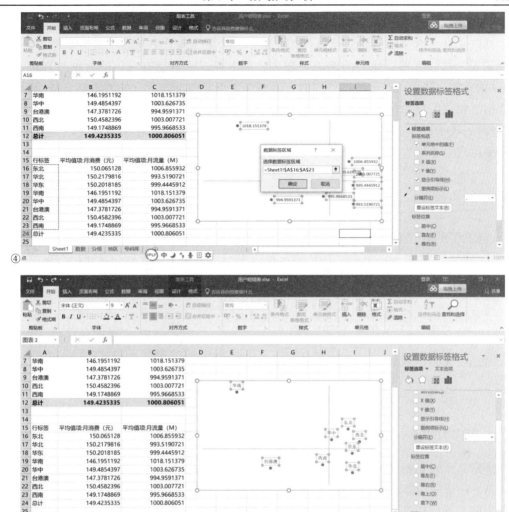

图 5-39 矩阵分析、矩阵图(散点图)数据展示

5.2.6 多表关联分析法

在数据分析中,原始数据可能出现在多个表中,而这些数据又是相互关联的,这时就需要使用多表关联分析。所谓多表关联分析,即根据各个表共有的关键字段进行各表数据记录的一一对应,也就是之前所讲的 VLOOKUP 函数的主要功能。

在 Excel 中实现两个表格之间的数据自动匹配、补全、合并成一个表格,通常是类似于一个主表(比如订单表)和一个明细表(如订单项目明细表)之间的匹配、补全和合并,这个问题可以用 VLOOKUP 等函数来解决。虽然 VLOOKUP 是 Excel 中极其重要的函数,但是,在大数据时代,它已经很难承担起数据关联合并的重担了,当用 VLOOKUP 很麻烦,或者因为大量的公式计算以致 Excel 反应速度明显降低时,也经常使用 VBA 来解决。

而现在,随着 Excel 2016 的超级强大新功能 Power Query 和 Power Pivot 的推出,这个问题已经不需要通过 VLOOKUP 函数或 VBA 来解决了。通过 Power Query 和 Power Pivot 的解决方法不仅十分简单,而且可以随着数据源的更新而一键刷新,得到最新结果。

Power Query（PQ）可以将你所有的数据处理逻辑封装进去，包括选取和读取多个文件、读取文件夹内全部文件、筛选（删除）数据、去重、聚合、透视、设置标题等。就像录制的宏一样，当然，比宏的功能更强大、更专业，它背后有专门的数据整理语言（M语言）做支撑。这样，在做数据处理时，就不必再重复劳动，所有的逻辑都会被保留，下次数据更新只需要单击刷新即可。当然也可以方便地对原有的处理逻辑进行迭代修改。

Power Query 举例：如图 5-40 所示，有两张表，订单表和订单明细表，现要求通过共有字段"订单号"，建立起两张表的连接。

订单号	手机号码	日期	状态
dd-00001	13999999999	2018-01-02	完成
dd-00002	13888888888	2018-01-05	完成
dd-00003	13888888888	2018-01-06	完成
dd-00004	137777777777	2018-01-15	完成
dd-00005	13999999999	2018-01-20	完成
dd-00006	13777777777	2018-02-10	完成
dd-00007	13888888888	2018-02-15	完成
dd-00008	13999999999	2018-02-18	完成
dd-00009	13999999999	2018-03-03	
dd-00010	13777777777	2018-03-25	
dd-00011	13888888888	2018-03-26	
dd-00012	13999999999	2018-03-27	

订单号	商品号	数量
dd-00001	sp-00001	5
dd-00001	sp-00002	6
dd-00001	sp-00003	7
dd-00002	sp-00001	3
dd-00002	sp-00004	4
dd-00003	sp-00002	10
dd-00003	sp-00001	10
dd-00003	sp-00005	5
dd-00005	sp-00004	
dd-00006	sp-00005	6
dd-00007	sp-00005	7
dd-00007	sp-00003	2
dd-00008	sp-00005	2
dd-00009	sp-00005	2
dd-00010	sp-00001	3
dd-00010	sp-00002	4
dd-00010	sp-00003	5
dd-00011	sp-00004	6
dd-00011	sp-00005	5
dd-00012	sp-00001	4

图 5-40　订单表、订单明细表示例

1. 获取订单表数据

选定订单表数据区域任意单元格，单击"数据"菜单下"从表格"，打开 Power Query 编辑器，在该编辑器下单击"开始"菜单下"关闭并上载"选项下的"关闭并上载至…"，在弹出的对话框中选择"仅创建连接"，并单击"加载"按钮。如此即可获取订单表数据，如图 5-41 所示。

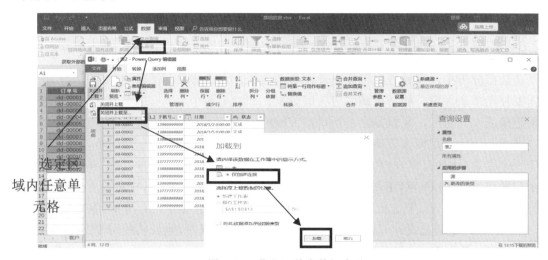

图 5-41　获取订单表数据步骤

2. 获取订单明细表数据

类似订单表获取数据步骤，可得到订单明细表数据，如图 5-42 所示。

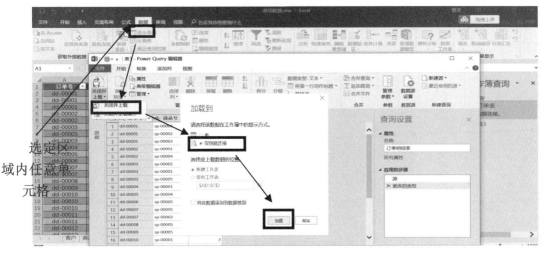

图 5-42　获取订单明细表数据步骤

3. 合并查询

双击"工作簿查询"中的"订单明细表"查询，打开"订单明细表-Power Query 编辑器"，选择"开始"菜单中的"合并查询"。在弹出的菜单中，选择设置订单明细表、订单表中的"订单号"为关联字段，"联接种类"为"左外部(第一个中的所有行，第二个中的匹配行)"，单击"确定"按钮即可得到合并查询表格，如图 5-43 所示。合并查询结果如图 5-44 所示。

注意：最终信息要在哪个表里展示，就选择那个表双击打开 Power Query 编辑器。如本例中要将"订单表"的内容读到"订单明细表"中，所以选择"订单明细表"。

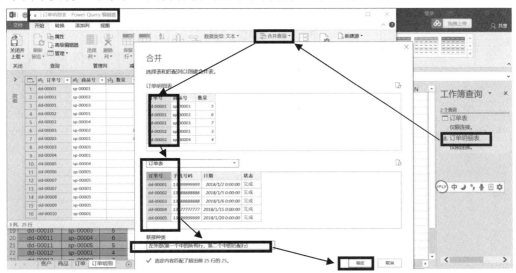

图 5-43　合并查询步骤

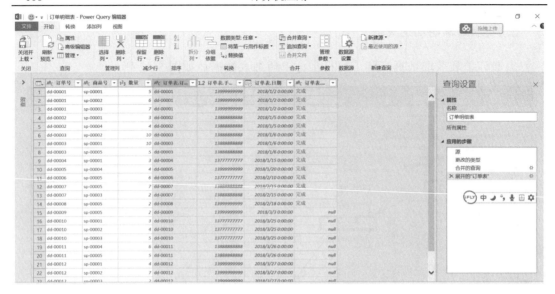

图 5-44　订单表、订单明细表合并查询数据表

以上是通过 Power Query 实现的表间数据合并的方法。但是，实际上，在很多数据分析中，对于这类本身就有关系的表，如果将数据合并到一起的话，会导致大量的数据重复和存储量增大，而实际分析目的本身只需要按相关的数据进行分析即可，因此，Power Pivot 提供了更进一步的解决方案：直接构建两表之间的数据关系，然后进行分析，不需要再整合数据。

Power Pivot 的特点不只是运算效率高、存储量大，它也有自己的 DAX 语言，用于专业的数据分析。利用 DAX 语言可以建立更为灵活、强大的度量，用于支持高级透视分析。Power Pivot 同时支持建立多表之间的关系，形成复杂业务数据模型。

Power Pivot 举例：仍然使用“订单表”“订单明细表”“商品表”为例，如图 5-45 所示。

订单表

订单号	手机号码	日期	状态
dd-00001	13999999999	2018-01-02	完成
dd-00002	13888888888	2018-01-05	完成
dd-00003	13888888888	2018-01-06	完成
dd-00004	13777777777	2018-01-15	完成
dd-00005	13999999999	2018-01-20	完成
dd-00006	13777777777	2018-02-10	完成
dd-00007	13888888888	2018-02-15	完成
dd-00008	13999999999	2018-02-18	完成
dd-00009	13999999999	2018-03-03	
dd-00010	13777777777	2018-03-25	
dd-00011	13888888888	2018-03-26	
dd-00012	13999999999	2018-03-27	

订单明细表

订单号	商品号	数量
dd-00001	sp-00001	5
dd-00001	sp-00002	6
dd-00001	sp-00003	7
dd-00002	sp-00001	3
dd-00002	sp-00004	4
dd-00003	sp-00002	10
dd-00003	sp-00001	10
dd-00003	sp-00005	5
[illegible]	[illegible]	3
[illegible]	[illegible]	4
dd-00006	[illegible]	6
dd-00007	sp-00005	7
dd-00007	sp-00003	2
dd-00008	sp-00005	2
dd-00009	sp-00005	2
dd-00010	sp-00001	3
dd-00010	sp-00002	4
dd-00010	sp-00003	5
dd-00011	sp-00004	6
dd-00011	sp-00005	5
dd-00012	sp-00001	4

商品表

商品号	商品名	单价	单位	库存
sp-00001	A品牌面膜	300	盒	5000
sp-00002	B品牌面膜	250	盒	5000
sp-00003	C品牌面膜	200	盒	5000
sp-00004	D品牌面膜	150	盒	5000
sp-00005	E品牌面膜	100	盒	5000

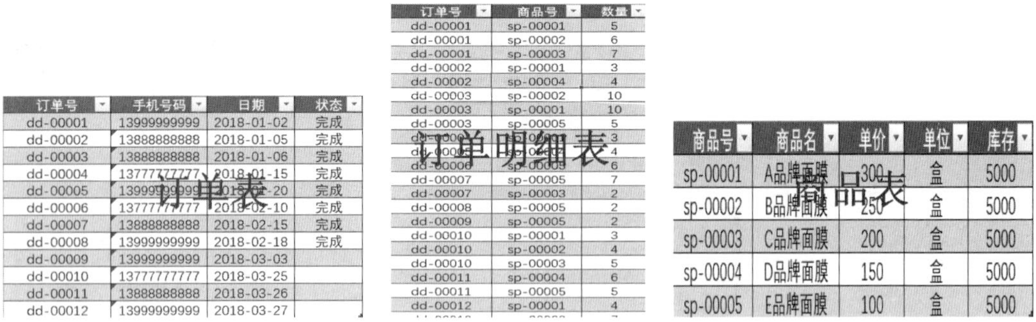

图 5-45　Power Pivot 举例

1. *启动* Power Pivot

如果是第一次使用 Power Pivot，需在“数据”菜单下单击“管理数据模型”，以启动 Power Pivot，如图 5-46 所示。

图 5-46　启动 Power Pivot

2. 依次将数据添加到数据模型

数据添加到数据模型的步骤如图 5-47 所示。

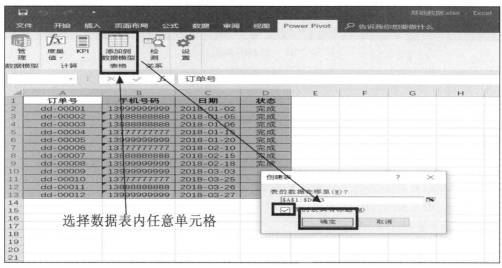

图 5-47　数据加载数据模型步骤

依次添加"订单表""订单明细表""商品表"，添加后效果如图 5-48 所示。

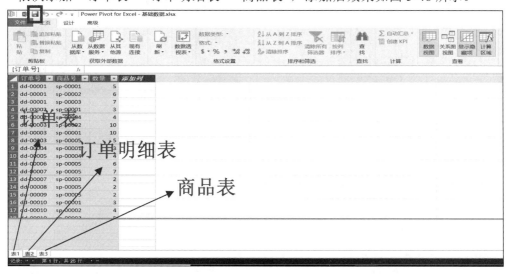

图 5-48　添加 3 个表

3. 切换到关系图视图

单击"关系图视图"选项，看到 3 个表的内容分别显示在 3 个不同的方框里，如

图 5-49 所示。用鼠标按住这些方框的顶部名称区域，就可以按需要拖放到不同位置。

图 5-49　关系图视图界面

4. 构建表间关系

订单表、订单明细表、商品表之间的关系是：订单表里的每个订单对应订单明细表里多个订单(产品)项目，订单明细表里的商品可以从商品表里获取更详细的相关信息。

通过拖拽关联字段到另一个表的关联字段的方式，可以建立表间关系。如：拖拽订单表的订单号到订单明细表的订单号；拖拽商品表的商品号到订单明细表的商品号，构建表间关系如图 5-50 所示。

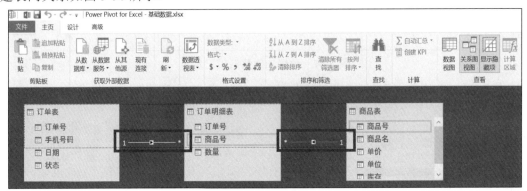

图 5-50　构建表间关系

这样，3 个表之间的关系就建好了，后续就可以直接从各个表里拖拽需要的信息进行数据透视等分析。

(1)建立基于 3 张表关联关系基础上的数据透视表，如图 5-51 所示。

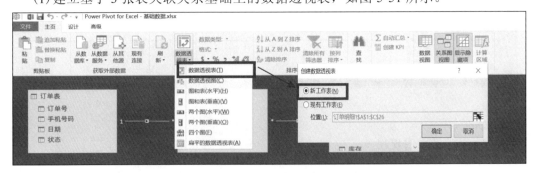

图 5-51　建立数据透视表

（2）根据需求进行基于数据透视表的数据分析。如基于订单表、订单明细表、商品表，分析每种商品、每月的销售数量，Power Pivot 数据分析示例如图 5-52 所示。

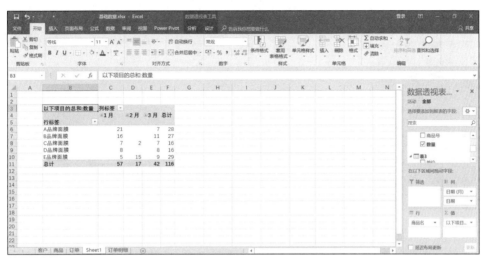

图 5-52　Power Pivot 数据分析示例

以上介绍了 Power Query 在 Excel 中实现两个表格之间的数据自动匹配、补全、合并成一个表格的方法，以及通过 Power Pivot 构建多表之间的关系，而直接进行统计分析的解决方案，可按实际需要选择使用。

多表关联分析法案例：结合某通信公司数据，根据"地区""通信品牌"两个维度统计消费用户数。

（1）将数据表添加至"数据模型"中。打开"用户明细表"文件，通过"省份"关键字段，建立"数据"表与"地区"表之间的关联。选中"数据"表中任意数据单元格，单击"插入"菜单下"表格"选项，选中"表包含标题"，单击"确定"按钮，添加到数据模型，如图 5-53 所示。同样方法处理"地区表"后，选择"表格工具"下"通过数据透视表汇总"，单击"确定"按钮，如图 5-54 所示。

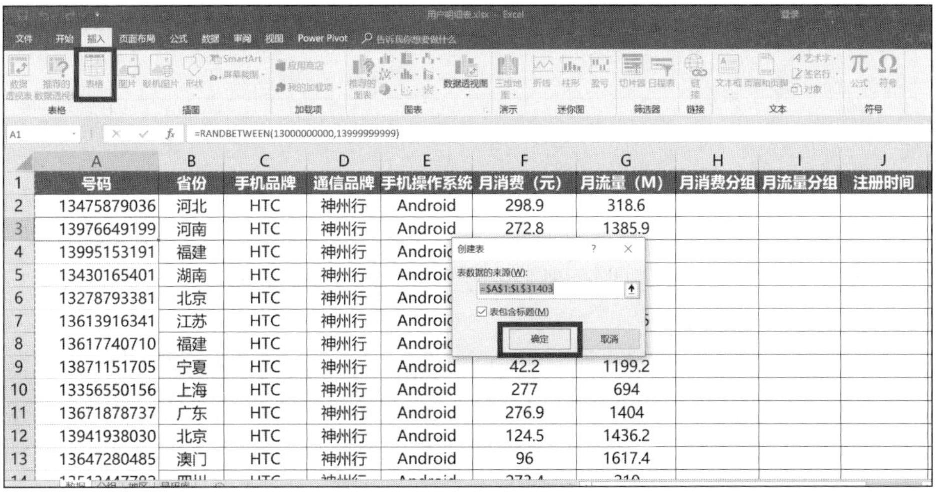

图 5-53　添加到数据模型

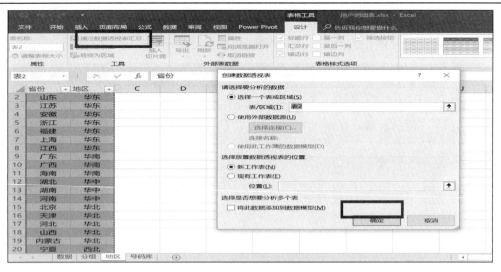

图 5-54　通过数据透视表汇总

(2)插入数据透视表。在数据透视表中单击"更多表格",选择"是",则在数据透视表窗口中出现之前添加的两张表,如图 5-55 所示。

图 5-55　插入数据透视表

(3)建立数据表之间的关系。在"数据透视表工具"中的"分析"选项卡中,选择"计算"组下"关系"选项,打开"管理关系"对话框。单击"新建"按钮,在打开的"创建关系"对话框中进行设置,在数据透视表中建立关系如图 5-56 所示。确定后关闭"管理关系"对话框,关系建立完毕。

(4)拖动数据字段进行分析。关系建立完毕后,即可拖动数据字段进行分析。首先,将表 1 中的"号码"拉到统计区域,用以统计一共有多少用户;然后,将表 1 中的"通信品牌"拉到列区域,用以统计各通信品牌各有多少用户;最后,将表 2 中的"地区"拉到行区域,统计各地区、各通信品牌有多少用户数量,如图 5-57 所示。

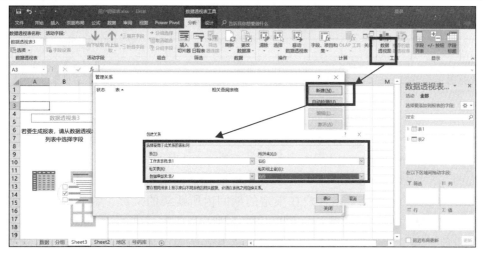

图 5-56　在数据透视表中建立关系

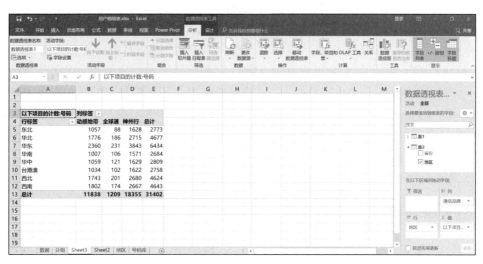

图 5-57　统计各地区、各通信品牌有多少用户

5.2.7　RFM 分析法

所谓探索性分析，主要是运用一些分析方法从大量的数据中发现未知且具有价值信息的过程。它是为了形成值得假设的检验而对数据进行分析的一种方法，是对传统统计学假设检验手段的补充。常用的探索性分析方法包括：RFM 分析、聚类分析、因子分析、对应分析等。本节我们着重介绍 RFM 分析方法。

RFM 是根据客户活跃程度和交易金额贡献进行客户价值细分的一种方法。根据美国数据库营销研究所 Arthur Hughes 的研究，客户数据库中有 3 个神奇的要素，这 3 个要素构成了数据分析最好的指标：最近一次消费（Recency）、消费频率（Frequency）、消费金额（Monetary），RFM 模型参数如表 5-2 所示。RFM 也是一种多维度的交叉分析。

表 5-2　RFM 模型参数

指标	解释	意义
R（Recency） 近度	客户最近一次购买时间的间隔	R 越大，表示客户越久未发生交易 R 越小，表示客户越近有交易发生
F（Frequency） 频度	客户在最近一段时间内购买的次数	F 越大，表示客户交易越频繁 F 越小，表示客户不够活跃
M（Monetary） 额度	客户在最近一段时间内购买的金额	M 越大，表示客户价值越高 M 越小，表示客户价值越低

最近一次消费（Recency）指客户最近一次购买时间的间隔。理论上，上一次消费时间越近的客户应该是比较好的客户，对提供即时的商品或服务也最有可能会有反应。

消费频率（Frequency）指客户在限定的期间内所购买的次数。我们可以说最常购买的客户，也是满意度最高的客户。如果相信品牌及商店忠诚度的话，最常购买的客户，忠诚度也就最高。增加客户购买的次数意味着从竞争对手处夺取市场占有率，由别人的手中赚取营业额。

消费金额（Monetary）指客户在最近一段时间内购买的金额。它是所有数据库报告的支柱，也可以验证"帕雷托法则"（Pareto's Law）——公司 80%的收入来自 20%的客户。

图 5-58 是经典的 RFM 模型，根据 R、F、M 得分，每个的指标值分为高、低两类，3 项指标组合在一起就是 8 个用户群体，即：重要价值客户、重要保持客户、重要发展客户、重要挽留客户、一般价值客户、一般保持客户、一般发展客户、一般挽留客户。根据不同的 RFM 评分标准，可以将客户分为不同用户群体，用户群体细分应该到什么程度，这需要根据具体情况进行分析。

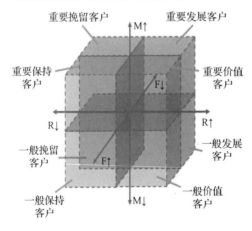

R_S、F_S、M_S			客户类型
高	高	高	重要价值客户
低	高	高	重要保持客户
高	低	高	重要发展客户
低	低	高	重要挽留客户
高	高	低	一般价值客户
低	高	低	一般保持客户
高	低	低	一般发展客户
低	低	低	一般挽留客户

高：表示高于平均值；低：表示低于平均值

R_S、F_S、M_S分别表示R、F、M根据标准的评分值

图 5-58　RFM 模型

RFM 分析法案例：

（1）打开文件 RFM.xlsx，该 Excel 文件记录了用户交易基础数据，包括订单号、客户号、交易日期及交易金额；并且在"评分"子表中明确了 RFM 评分标准，如图 5-59 所示。

订单号	客户号	交易日期	交易金额
5312	14831	2009/05/15 19:08	1687
5313	34656	2009/05/15 19:08	418
5314	14687	2009/05/15 19:08	961
5315	24650	2009/05/15 19:08	850
5316	44634	2009/05/15 19:09	837
5317	34571	2009/05/15 19:09	347
5318	24662	2009/05/15 19:09	1633
5319	24792	2009/05/15 19:09	1593
5320	44832	2009/05/15 19:10	397
5321	14700	2009/05/15 19:10	157
5322	14823	2009/05/15 19:10	687
5323	14850	2009/05/15 19:10	553
5324	34655	2009/05/15 19:10	1686
5325	44623	2009/05/15 19:10	851
5326	34604	2009/05/15 19:10	445
5327	34726	2009/05/15 19:11	583
5328	34573	2009/05/15 19:11	447
5329	24771	2009/05/15 19:11	698

天数阈值	评分	交易次数阈值	评分	平均金额阈值	评分
0	高	0	低	0	低
13	低	10	高	1000	高

图 5-59　RFM.xlsx 文件数据展示

(2)选中"原始数据"表中 A:D 列,建立数据透视表。将"客户号"拉到行标签;将"交易日期"拉到汇总区域,将"交易日期"的计算类型更改为"最大值",并且设置数据格式为"自定义(yyyy/m/d)"。统计最近交易日期数据如图 5-60 所示。

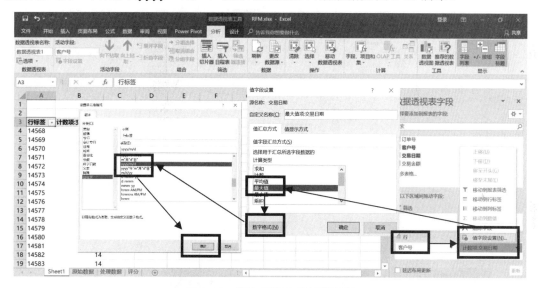

图 5-60　统计最近交易日期数据

(3)将"订单号"拉到汇总区域进行计数统计;将"交易金额"拉到汇总区域,计算类型更改为平均值。统计订单频度及交易金额平均值数据如图 5-61 所示。

(4)将数据结果复制到一个新表"处理数据"中。

注意:复制数据不包括空白行和总计行,含标题行且只粘贴值。

(5)在"处理数据"表中,增加一列"天数",假设以 2010/10/1 为统计目标,计算公式为:2010/10/1-交易日期,并将结果设置为数值型。计算交易日期距离统计日期的天数如图 5-62 所示。通过公式复制,得到每个交易日期距离统计日期的天数。修改后 2 列标题为:订单数、平均交易金额。

(6)运用 VLOOKUP 函数,根据天数、订单数、平均交易金额进行 RFM 分值打分,评分标准在"评分"表中。

① R 计算公式:=VLOOKUP(C2,评分!A:B,2,1)

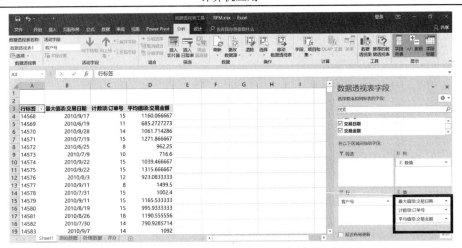

图 5-61　统计订单频度及交易金额平均值数据

图 5-62　计算交易日期距离统计日期的天数

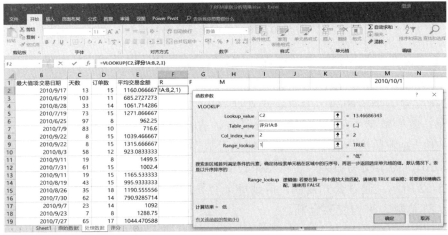

② F 计算公式：=VLOOKUP(D2,评分!D:E,2,1)

③ M 计算公式：=VLOOKUP(E2,评分!G:H,2,1)

完成 RFM 评分。

(7)统计 8 个用户群体数据。修改"行标签"为"客户号"；选中"处理数据"表中

A:H 列，建立数据透视表；将"客户号"拉到汇总区域，统计客户数量；分别将 R、F、M 拉到行标签；选择"数据透视表工具"中"报表布局"下的"以表格形式显示"；再选择"数据透视表工具"中"报表布局"下的"重复所有项目标签"。以表格形式显示数据透视结果效果图如图 5-63 所示。

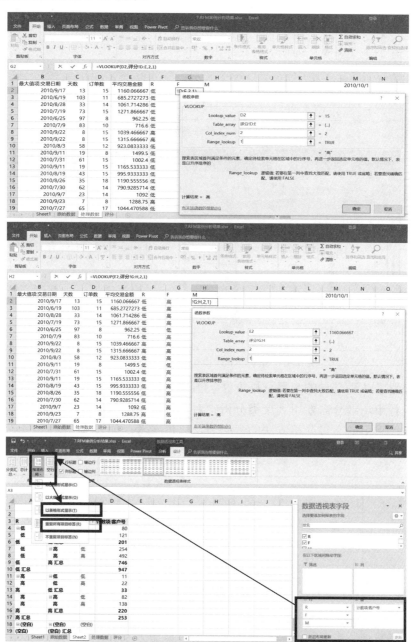

图 5-63 以表格形式显示数据透视结果效果图

（8）选择"数据透视表工具"中"分类汇总"下的"不显示分类汇总"，并去掉空白行。不显示分类汇总效果图如图 5-64 所示。

（9）细分客户类型。根据前面的 RFM 模型进行对比细分客户类型，根据 RFM 模型细分客户类型结果如图 5-65 所示。

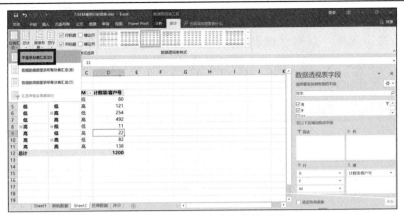

图 5-64　不显示分类汇总效果图

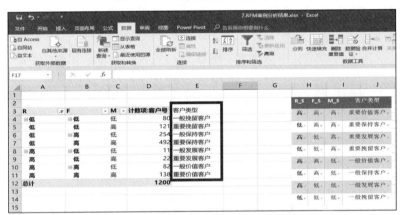

图 5-65　根据 RFM 模型细分客户类型结果

　　以上介绍了 7 种常见的数据分析方法，但现实应用中还会涉及很多高级数据分析方法，比如进行市场细分需要用到聚类分析、对应分析等高级的数据分析方法。下面给出各种分析中可采用的高级分析方法的索引表，以供参考，如表 5-3 所示。

表 5-3　数据分析方法应用领域

研究方向	数据分析方法
产品研究	相关分析、对应分析、判别分析、结合分析、多维尺度分析等
品牌研究	相关分析、聚类分析、判别分析、因子分析、对应分析、多维尺度分析等
价格研究	相关分析、PSM 价格分析等
市场细分	聚类分析、判别分析、因子分析、对应分析、多维尺度分析、Logistic 回归分析、决策树等
满意度研究	相关分析、回归分析、主成分分析、因子分析、结构方程等
用户研究	相关分析、聚类分析、判别分析、因子分析、对应分析、Logistic 回归分析、决策树、关联规则等
预测决策	回归分析、决策树、神经网络、时间序列、Logistic 回归分析等

　　以上各类数据分析方法的简单功能及应用场景如表 5-4 所示。

表 5-4　高级数据分析方法简介

数据分析方法	方法简单介绍
相关分析	相关分析是研究两个或两个以上处于同等地位的随机变量间的相关关系的统计分析方法。它是对总体中确实具有联系的标志进行分析，其主体是对总体中具有因果关系标志的分析。它是描述客观事物相互间关系的密切程度并用适当的统计指标表示出来的过程

续表

数据分析方法	方法简单介绍
对应分析	也称关联分析、R-Q 型因子分析，是一种多元相依变量统计分析技术，通过分析由定性变量构成的交互汇总表来揭示变量间的联系。可以揭示同一变量的各个类别之间的差异，以及不同变量各个类别之间的对应关系。主要应用在市场细分、产品定位、地质研究，以及计算机工程等领域
判别分析	是一种统计判别和分组技术，就一定数量样本的一个分组变量和相应的其他多元变量的已知信息，确定分组与其他多元变量信息所属的样本进行判别分组
结合分析	结合分析是一种专业技术，用于估测人们对一些能够详细定义某种产品或服务的属性和特征的评价。Discretechoice、Choice Modeling、Hierarchical Choice、CardSorts、Tradeoff Matrices、Preference Based Conjoint 和 Pair wise Comparisons choice 都是结合分析的不同类型。使用结合分析的调查的目的是给购买者在做购买决策时考虑的选择范围赋予明确的数值
多维尺度分析	多维尺度法是一种将多维空间的研究对象(样本或变量)简化到低维空间进行定位、分析和归类，同时又保留对象间原始关系的数据分析方法
聚类分析	聚类分析指将物理或抽象对象的集合分组为由类似的对象组成的多个类的分析过程，它是一种重要的人类行为。聚类分析的目标就是在相似的基础上收集数据来分类。聚类源于很多领域，包括数学、计算机科学、统计学、生物学和经济学。在不同的应用领域，很多聚类分析技术都得到了发展，这些技术方法被用作描述数据，衡量不同数据源间的相似性，以及把数据源分类到不同的簇中
因子分析	因子分析是研究从变量群中提取共性因子的统计技术
Logistic 回归分析	Logistic 回归又称 Logistic 回归分析，是一种广义的线性回归分析模型，常用于数据挖掘、疾病自动诊断、经济预测等领域
决策树	决策树(Decision Tree)是在已知各种情况发生概率的基础上，通过构成决策树来求取净现值的期望值大于等于零的概率，评价项目风险，判断其可行性的决策分析方法，是直观运用概率分析的一种图解法。由于这种决策分支画成图形很像一棵树的枝干，故称决策树
主成分分析	主成分分析(Principal Component Analysis, PCA)是一种统计方法。通过正交变换将一组可能存在相关性的变量转换为一组线性不相关的变量，转换后的这组变量叫主成分。该方法旨在利用降维的思想，把多指标转化为少数几个综合指标
结构方程	结构方程模型是基于变量的协方差矩阵来分析变量之间关系的一种统计方法，是多元数据分析的重要工具。结构方程模型常用于验证性因子分析、高阶因子分析、路径及因果分析、多时段设计、单形模型及多组比较等。结构方程模型常用的分析软件有 LISREL、Amos、EQS、MPlus。结构方程模型可分为测量模型和结构模型。测量模型是指指标和潜变量之间的关系，结构模型是指潜变量之间的关系
时间序列	时间序列(或称动态数列)是指将同一统计指标的数值按其发生的时间先后顺序排列而成的数列。时间序列分析的主要目的是根据已有的历史数据对未来进行预测

5.3　思考与练习

1．简述数据分析类别及各类别的特点。

2．当进行用户满意度调查研究时，适合采用哪些数据分析方法？

3．如何解决在做数据分析时，通常产生的"不知道从哪些方面入手""如何设计分析的方案""分析的内容和指标是否完整合理"等方面的困惑？

4．简述数据分析方法论。

5．数据分析方法相关技术主要有哪些？

6．结合以下用户明细表数据，根据地区、通信品牌两个维度统计微信消费用户数。

微信		All	
以下项目的计数:号码	列标签		
行标签	动感地带	全球通	神州行	总计
东北	1057	88	1628	2773
华北	1776	186	2715	4677
华东	2360	231	3843	6434
华南	1007	106	1571	2684
华中	1059	121	1629	2809
台港澳	1034	102	1622	2758
西北	1743	201	2680	4624
西南	1802	174	2667	4643
总计	11838	1209	18355	31402

7．结合学生基本情况及成绩相关数据，选择以上分析方法进行合理数据分析，论证并展示分析结果。

第6章 数据可视化

数据分析的结果需要选择合适的展示方式，使用专业、美观的表格，以及合适的图表可以使数据更加形象、直观。本章主要讲解 Excel 数据可视化的两个主要功能：表格展示和图表展示。

6.1 表 格 展 示

当需要呈现的数据在 3 个系列以上，尤其是数据间的量纲不同时，用表格呈现数据的效果相对较好。Excel 2007 以上版本的表格展现效果主要通过条件格式和迷你图来呈现。

6.1.1 条件格式

条件格式功能是根据条件的满足情况更改单元格区域的外观，如果条件为真，则更改该单元格区域的外观，否则保持原来外观。从而使用户能够更直观地查看和分析数据，发现关键问题，识别模式和预测趋势。

通过设置条件格式，可以使用单元格格式(数字显示格式、字体、边框、填充)突出显示所关注的单元格或单元格区域的取值情况，强调异常值；还可以使用数据条、色阶和图标集等特殊标记直观地显示数据，以便于预测趋势或识别模式。用户还可以建立自己的条件规则。

1. 突出显示单元格规则

Excel 内置了多种基于特征值设置的条件格式，例如可以按大于、小于和重复值等特征突出显示单元格，也可以按大于或小于前 N 项、高于或低于某单元格值等项目突出显示单元格。Excel 内置了 7 种突出显示单元格规则，如表 6-1 所示。

表 6-1 突出显示单元格规则

显示规则	说明
大于	为大于设定值的单元格设置指定的单元格格式
小于	为小于设定值的单元格设置指定的单元格格式
介于	为介于设定值之间的单元格设置指定的单元格格式
等于	为等于设定值的单元格设置指定的单元格格式
文本包含	为包含设定文本的单元格设置指定的单元格格式
发生日期	为包含设定发生日期的单元格设置指定的单元格格式
重复值	为重复值或唯一值的单元格设置指定的单元格格式

2. 项目选取

项目选取实际上与突出显示单元格功能内容基本一致，同样是根据指定的规则，把表格中符合条件的单元格用不同颜色的背景、字体颜色将数据突出显示出来。区别在于指定的规则不同，突出显示单元格的规则指定值是与原始数据直接相关的数据，而项目选取指定的规则指定值则是对原始数据经过计算的数据，如数值最大或最小的 N%项、高于或低于平均值等。Excel 内置了 6 种项目选取规则，如表 6-2 所示。

表 6-2　项目选取规则

选取规则	说明
值最大的 N 项	为值最大的 N 项单元格设置指定的单元格格式，其中 N 的值由用户指定
值最大的 N%项	为值最大的 N%项单元格设置指定的单元格格式，其中 N 的值由用户指定
值最小的 N 项	为值最小的 N 项单元格设置指定的单元格格式，其中 N 的值由用户指定
值最小的 N%项	为值最小的 N%项单元格设置指定的单元格格式，其中 N 的值由用户指定
高于平均值	为高于平均值的单元格设置指定的单元格格式
低于平均值	为低于平均值的单元格设置指定的单元格格式

3. 数据条

数据条从外观上主要分为"渐变填充""实心填充"两类，并且允许用户采用自定义方式设置具体的显示效果。

如图 6-1 所示，展示了一份手机销售数据表格，可以使用"数据条"来更加直观地显示数据。

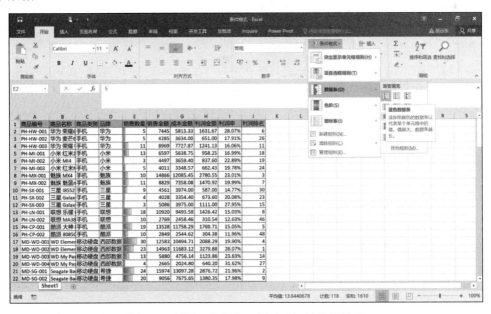

图 6-1　利用"数据条"展示手机销售量情况

选中 E2:E119 单元格，单击"开始"，选择"条件格式"中的"数据条""渐变填充"或"实心填充"，选择适合的颜色类型即可。

　　数据条可以帮助显示某个单元格相对于其他单元格的值。数据条的长度代表单元格中的值，数据条越长，表示值越大，反之则表示值越小。数据条适用于观察海量数据的数值规律和趋势。

　　4. 图标集

　　除了用数据条的形式展示数值的大小以外，也可以用条件格式中的"图标"来展现分段数据，根据不同的数值等级来显示不同的图案。

　　如图 6-2 所示为学生成绩数据，可以使用"条件格式"下的"图标"来更加直观地展示学生的成绩。

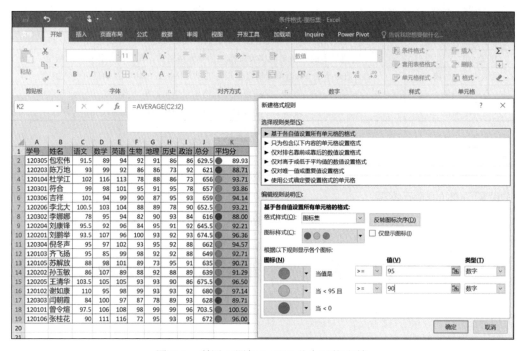

图 6-2　利用"图标"展示学生平均成绩

　　Excel 默认的"交通灯"显示规则是按百分比率对数据进行分组的，用户可以根据需要，例如按成绩考核标准，对数值进一步调整外观显示。

　　选中 K2:K19 单元格区域的任一单元，单击"条件格式"，选择"图标集"下的"其他规则"，将"类型"设置为"数字"，并根据需要输入分段区间值。调整后的图表可以直观地反映分数情况：95 分及以上显示图标为"绿色交通灯"，90~95 分之间显示图标为"黄色交通灯"，剩下的则为"红色交通灯"。

　　5. 色阶

　　除了使用图形的方式来展现数据外，使用不同的色彩来表达数值的大小也是一种方法，条件格式中的"色阶"功能可以通过色彩直观地反映数据大小，形成"热图"。

　　某家集团公司的 3 家子公司在各省市都展开了各项业务，图 6-3 显示了 3 家子公司在各地的销售利润情况。利用"条件格式"下的"色阶"来展现各地利润情况。

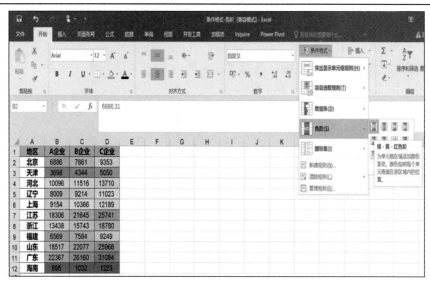

图 6-3 利用"色阶"展示各个地区企业利润情况

选中需要设置条件格式的 B2:D12 单元格区域，单击"条件格式"，选择"色阶"，在展开的选项菜单中选取一种样式，例如第 1 种"绿-黄-红色阶"。操作完成后，数据表格中会显示不同的颜色，并根据数值的大小依次按照"绿色"—"黄色"—"红色"的顺序显示过渡渐变，如图 6-3 所示。通过这些颜色的显示，可以非常直观地展现数据的分布和规律，很容易看出 3 家企业在海南省的利润都较低，应该给予关注，可以考虑调整在当地的产品结构。

6.1.2 迷你图

Office 软件自 2010 版开始在 Excel 中引入了迷你图，它分为折线图、柱形图、盈亏图。与 Excel 工作表上的图表不同，迷你图并非对象，它实际上是在单元格背景中显示的微型图表。

迷你图清晰简洁，如果 Excel 表格中的数据非常有用，但很难一目了然地发现问题，所谓"文不如表，表不如图"。如果数据旁边插入迷你图，就可以迅速判断数据的问题。迷你图占用的空间非常小，它镶嵌在单元格内，数据变化时，迷你图跟着迅速变化，打印的时候可以直接打印出来。

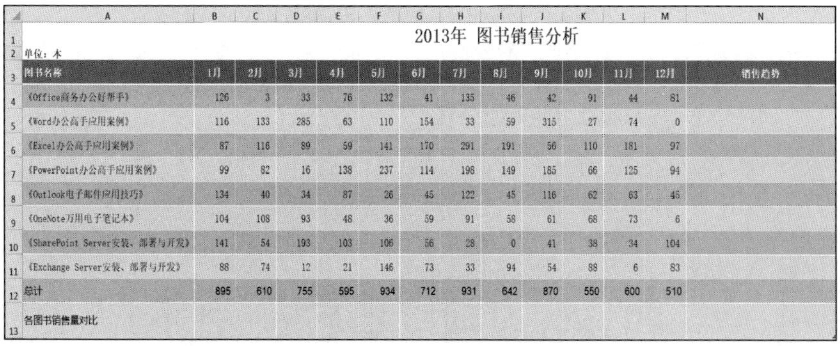

图 6-4 2013 年图书销售情况

如图 6-4 所示，该表反映了 2013 年各月图书的销售情况。在"销售趋势"列中，可以创建迷你折线图。

(1)单击数据表中 N4 单元格，选择"插入"选项卡"迷你图"中的"折线图"，打开"创建迷你图"对话框，如图 6-5 所示。

图 6-5　"创建迷你图"对话框

(2)输入或选择 B4:M4 单元格区域作为"数据范围"，即可在 N4 单元格中创建一个迷你折线图。

(3)选择 N4 单元格，单击"设计选项卡"，在"显示"下，可以为迷你折线图添加"高点"和"低点"。

(4)向下填充到 N12 单元格，如图 6-6 所示。

	A	B	C	D	E	F	G	H	I	J	K	L	M	N
1	2013年　图书销售分析													
2	单位：本													
3	图书名称	1月	2月	3月	4月	5月	6月	7月	8月	9月	10月	11月	12月	销售趋势
4	《Office商务办公好帮手》	126	3	33	76	132	41	135	46	42	91	44	81	
5	《Word办公高手应用案例》	116	133	285	63	110	154	33	59	315	27	74	0	
6	《Excel办公高手应用案例》	87	116	89	59	141	170	291	191	56	110	181	97	
7	《PowerPoint办公高手应用案例》	99	82	16	138	237	114	198	149	185	66	125	94	
8	《Outlook电子邮件应用技巧》	134	40	34	87	26	45	122	45	116	62	63	45	
9	《OneNote万用电子笔记本》	104	108	93	48	36	59	91	58	61	68	73	6	
10	《SharePoint Server安装、部署与开发》	141	54	193	103	106	56	28	0	41	38	34	104	
11	《Exchange Server安装、部署与开发》	88	74	12	21	146	73	33	94	54	88	6	83	
12	总计	895	610	755	595	934	712	931	642	870	550	600	510	

图 6-6　迷你折线图

同理，也可以建立表达图书销售量对比的迷你柱形图。注意在选择数据范围时，不要包含第 12 行"总计"行，创建后效果如图 6-7 所示。

	A	B	C	D	E	F	G	H	I	J	K	L	M	N
1	2013年　图书销售分析													
2	单位：本													
3	图书名称	1月	2月	3月	4月	5月	6月	7月	8月	9月	10月	11月	12月	销售趋势
4	《Office商务办公好帮手》	126	3	33	76	132	41	135	46	42	91	44	81	
5	《Word办公高手应用案例》	116	133	285	63	110	154	33	59	315	27	74	0	
6	《Excel办公高手应用案例》	87	116	89	59	141	170	291	191	56	110	181	97	
7	《PowerPoint办公高手应用案例》	99	82	16	138	237	114	198	149	185	66	125	94	
8	《Outlook电子邮件应用技巧》	134	40	34	87	26	45	122	45	116	62	63	45	
9	《OneNote万用电子笔记本》	104	108	93	48	36	59	91	58	61	68	73	6	
10	《SharePoint Server安装、部署与开发》	141	54	193	103	106	56	28	0	41	38	34	104	
11	《Exchange Server安装、部署与开发》	88	74	12	21	146	73	33	94	54	88	6	83	
12	总计	895	610	755	595	934	712	931	642	870	550	600	510	
13	各图书销售量对比													

图 6-7　迷你柱形图

6.2　图　表　展　示

图表是以图形化方式传递和表达数据的工具,相比于普通数据表格而言,使用图表来表达数据信息可以更加形象生动,可以使数据分析的报告结果更加具有说服力。图表化数据也是数据挖掘的一部分。

6.2.1　图表构成

Excel 图表由图表区、绘图区、图表标题、数据系列、图例和网格线等基本元素构成,各个元素能够根据需要设置显示或隐藏,如图 6-8 所示。

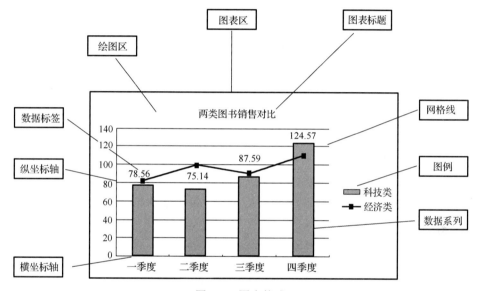

图 6-8　图表构成

(1)图表区:图表的全部范围,选中图表时,将显示图表对象边框和用于调整图表大小的控制点。主要分为图表标题、图例、绘图区 3 个的组成部分。

(2)绘图区:指图表区内的图形表示的范围,即以坐标轴为边的长方形区域。对于绘图区的格式,可以改变绘图区边框的样式和内部区域的填充颜色及效果。绘图区中包含以下 5 个项目,即数据、列、数据标签、坐标轴、网格线。

(3)图表标题:显示在绘图区上方的文本框只有一个。图表标题的作用就是简明扼要地概述图表的作用。

(4)数据系列:数据系列对应工作表中的一行或者一列数据。

(5)坐标轴:按位置不同可分为主坐标轴和次坐标轴,默认显示的是绘图区左边的主 Y 轴和下边的主 X 轴。

(6)网格线:网格线用于显示各数据点的具体位置,同样有主次之分。

(7)图例:显示各个系列代表的内容。由图例项和图例项标示组成,默认显示在绘图区的右侧。

6.2.2　图表类型与选择

Excel 2003—2010 版本中提供了 11 类共 73 种图表类型，在 Excel 2016 中新增加了树状图、旭日图、直方图、箱型图和瀑布图 5 种高级类型图表，并且提供了组合图表功能。图表类型的选择对于数据展示效果是非常重要的，在实际工作中，最常用也是最有必要掌握的图表有 5 大类，分别是柱形图、条形图、折线图、饼图和散点图。

1.　柱形图

用于显示一段时间内的数据变化或说明项目之间的比较结果。通过水平组织分类、垂直组织值可以强调说明一段时间的变化情况。

2.　条形图

描述各个项之间的对比情况，纵轴为分类，横轴为数据，突出了数值的比较，而淡化了随时间的变化。与柱形图比较，更适合展现排名。

3.　折线图

显示了相同间隔内数据的变化趋势。

4.　饼图

显示了构成数据系列的项目对于项目总和的比例大小。

5.　散点图

通常用来反映数据之间的相关性和分布特性。

在实际应用中，可以通过数据间的关系来选择图表，大部分的数据间关系可以归纳为以下 6 种类型：成分、排序、时间序列、频率分布、相关性、多重数据比较，如表 6-3 所示。

表 6-3　数据关系与图表选择

续表

	饼图	柱形图	条形图	折线图	散点图	其他
时间序列						
频率分布						
相关性						
多重数据比较						

(1)成分：成分也叫作构成，用于表示整体的一部分，一般用饼图表示。百分比堆积柱形图、百分比堆积条形图、瀑布图、复合条饼图也可以表示成分关系。

(2)排序：根据需要比较的项目的数值大小进行排序，排序可用于不同项目、类别间的比较。柱形图、条形图、气泡图、帕累托图都可以表达排序。

(3)时间序列：用于表示某事按一定的时间顺序发展的走势、趋势。折线图是最直观的趋势图，柱形图也可以表示趋势。面积图可以表示时间序列，但面积图上各数据系列之间可能会互相遮挡，难以清晰地看出趋势。

(4)频率分布：与排序相似，用于表示各项目、类别间的比较，这一类比较也可以用频数分布表示，根据需要选择单位。频率分布是一种特殊的排序类图形，但它只能按指定的横轴排。用于表现频率分布的图表有柱形图、条形图、折线图。

(5)相关性：用于衡量两大类中各项目间的关系，即观察其中一类的项目大小是否随着另一类项目大小有规律地变化。用于衡量相关性的图表有柱形图、对称条形图(旋风图)、散点图、气泡图。

(6)多重数据比较：数据类型多于两个的数据分析比较，即多类别多维度比较。雷达图适合表达多重数据比较。

一般说来，只要我们了解数据关系与基本图表类型之间的对应关系，正确选择图表类型，应该可以做出符合规范的图表。

6.2.3　图表制作基本方法

数据图表化是将枯燥的数字直观化的一个工具，使用 Excel 的图表制作功能可以轻松地将诸如多个样例对比、发展趋势、所占比例直接用图表的形式直观地展现出来。首先准备基础数据，然后选择这些数据，单击"插入"菜单，单击"图表"，会出现"图表向导"。共有 4 步, 按照每个步骤的提示做好选择, 即可轻松完成 Excel 图表制作。

下面重点介绍几种高级图表的制作。

6.2.4　双坐标图

双坐标图比平常的图形多了一个纵坐标轴, 称为次纵坐标轴, 而主坐标轴就是在图形中常用的左轴, 简称左轴, 次坐标轴在右侧显示, 也可以简称为右轴。

一般在图表中有两个系列及其以上的数据, 并且它们的量纲不同或者数据差别很大时, 在同一坐标轴下就无法很好地展现出数据原本的面貌, 这时就可以采用双坐标图来绘制。在 Excel 2016 中新增加了组合图表, 可以轻松地将次坐标轴以及数据系列的图表类型绘制出来。双坐标轴图可以是线柱图、双线图或者双柱图, 制作方法类似。

如表 6-4 所示, 这是一家互联网软件公司在全球新注册用户数据, 其中留存率表示用户注册经过一段时间后, 仍然继续使用该应用的用户比例。

表 6-4　新增用户数表

国家	新增用户数	留存率
中国	134142	12%
美国	50119	12%
韩国	34475	5%
日本	32896	6%
印度	26202	13%
墨西哥	9989	10%
巴西	9889	10%
菲律宾	9796	15%
英国	5743	7%
法国	5621	6%
西班牙	5539	7%
泰国	5076	12%
智利	5007	10%
阿根廷	4182	9%
越南	4174	12%

根据表中的数据, 我们可以制作出表达各个国家之间用户数量的对比柱形图。

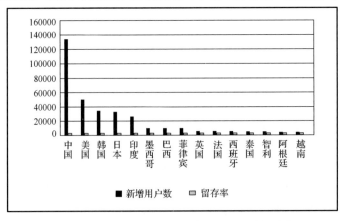

图 6-9　新增用户数与留存率对比图—柱形图

如图 6-9 所示，在同一纵坐标轴下，我们无法很好地了解用户留存率的情况，因为新增用户数与留存率衡量单位不同，且数量差别大，所以考虑加入次纵坐标轴用于显示留存率的结果。做法如下：

(1)选择"国家""新增用户数""留存率"3 列数据区域，插入图表，选择"组合"。

(2)将"留存率"数据系列的图表类型改为折线图，并选中"次坐标轴"选项，如图 6-10 所示。

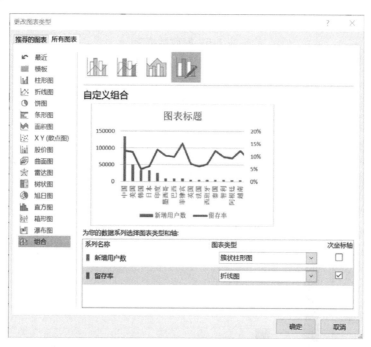

图 6-10　自定义组合图设置图

在 Excel 2016 中，部分简单数据关系使用"推荐图表"功能就能够制作出合适的图表，如图 6-11 所示。

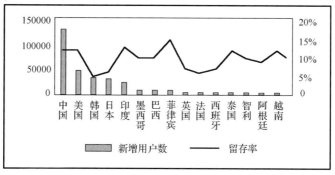

图 6-11　新增用户数与留存率对比图—双坐标图

在 Excel 2016 以前的版本中，可以采用将某个"留存率"值的数量级放大到"新增用户数"范围，增大之后在柱形图中可以选择"留存率"的数据系列，再设置其数据点格式，将"留存率"的系列设置在此坐标轴，恢复原本"留存率"值之后，再更改"留存率"的图表类型为折线图即可。

6.2.5　瀑布图

瀑布图是由麦肯锡公司发明的一种图表类型，瀑布图常用来反映从一个数字到另一个数字的变化过程，也可以用来反映构成关系。例如：从去年的营业收入到今年的营业收入，各类产品影响收入增减是多少；从销售收入到税后利润，各类成本费用影响多少等。

如表 6-5 所示为某电商营收相关指标数据，包括总销售额、进货成本、人力成本、运费、材料费等。

表 6-5　营收数据表

	A	B
1	项目指标	金额
2	总销售额	2314500
3	进货成本	1378000
4	人力成本	378904
5	运费	172680
6	材料费	65920
7	其他成本	47970
8	利润	271026

如果用如图 6-12 所示的柱形图表达，对于各项数据占总销售额比例无法清晰表达，这时可以通过瀑布图来直观地展示营收的明细情况，如图 6-13 所示。

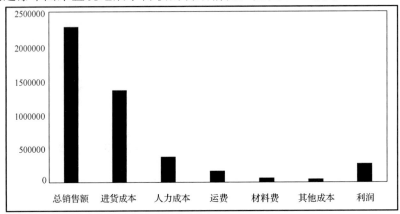

图 6-12　营收数据柱形图

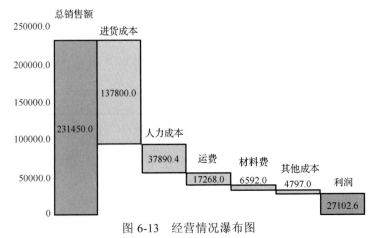

图 6-13　经营情况瀑布图

（1）在"金额"列前插入一列，作为辅助占位数据，总销售额对应的占位数据为 0。在 B3 单元格中使用以下公式，向下复制到 B8 单元格。

$$=C\$2-SUM(C\$3:C3)$$

结果如表 6-6 所示。

表 6-6　添加辅助列

	A	B	C
1	项目指标	辅助列	金额
2	总销售额	0	2314500
3	进货成本	936500	1378000
4	人力成本	557596	378904
5	运费	384916	172680
6	材料费	318996	65920
7	其他成本	271026	47970
8	利润	0	271026

（2）选中 A1:C8 单元格区域，创建堆积柱形图，如图 6-14 所示。选中"辅助列"数据系列，单击鼠标右键，弹出"设置数据系列格式"窗口，将"填充"颜色改成"无填充"，如图 6-15 所示。

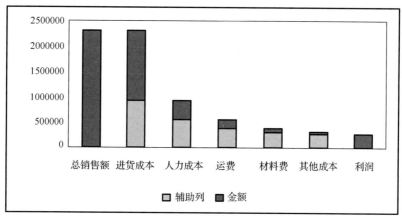

图 6-14　堆积柱形图

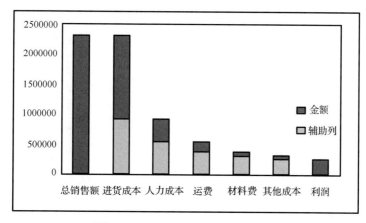

图 6-15　设置"辅助列"数据系列

(3)选中"金额"列，单击鼠标右键，弹出"设置数据系列格式"窗口，在"系列选项"中将"分类间距"设置为最小值".00%"，如图 6-16 所示。

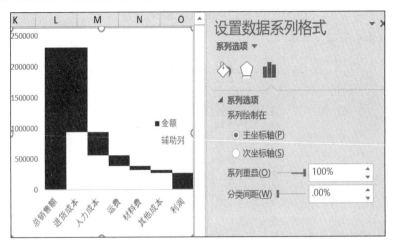

图 6-16　调整分类间距

(4)选中横坐标轴，按 Delete 键删除。选中纵坐标轴，单击鼠标右键，弹出"设置坐标轴格式"窗口，按以下步骤进行设置。

① 在"坐标轴选项"中，"主要刻度线类型"选择"无"。

② 在"数字"中，"格式代码"输入"0!.0"，单击"添加"按钮。

③ 在"线条"中，选择"无线条"。

如图 6-17 所示。

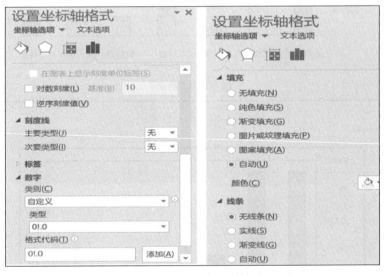

图 6-17　设置纵坐标轴格式

(5)选中"金额"数据系列，单击鼠标右键，弹出"添加数据标签"窗口。

(6)选中"金额"的数据标签，单击鼠标右键，弹出"设置数据标签格式"窗口，将"数字"下的"类别"设置为"自定义"，"格式代码"选择之前设置过的"0!.0"，如图 6-18 所示。

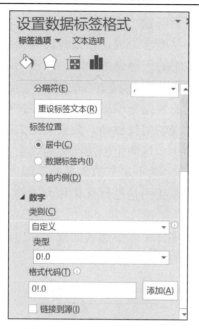

图 6-18　设置数据标签格式

(7)在本例中，"总销售额"和"利润"两个数据点是需要突出显示的重点数据，可以设置为不同的填充颜色进行区分。为了使数据项目更加清晰，可以用插入文本框的方式添加各个项目的名称，并为图表添加标题，删除图例项。制作完成后的图表如图 6-19 所示。

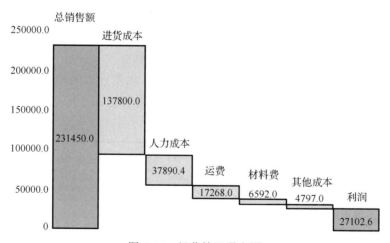

图 6-19　经营情况瀑布图

6.2.6　帕累托图

帕累托图是将出现的质量问题和质量改进项目按照重要程度依次排列而采用的一种图表，是以意大利经济学家 V. Pareto 的名字而命名的。帕累托图又叫排列图、主次图，是按照发生频率大小顺序绘制的直方图，表示有多少结果是由已确认类型或范畴的原因造成的。

帕累托图可以用来分析质量问题，确定产生质量问题的主要因素。按等级排序的目的是指导如何采取纠正措施。从概念上说，帕累托图与帕累托法则一脉相承，帕累托法则往往被称为二八原理，即 80% 的问题是由 20% 的原因所造成的。比如 80% 的财富掌握在 20% 的人手中，而剩下 80% 的人只拥有 20% 的财富。

在帕累托图中，不同类别的数据是根据其频率降序排列的，并在同一张图中画出累积百分比图。帕累托图可以体现帕累托原则：数据的绝大部分存在于很少类别中，极少剩下的数据分散在大部分类别中。这两组经常被称为"至关重要的极少数"和"微不足道的大多数"。帕累托图能区分"微不足道的大多数"和"至关重要的极少数"，从而方便人们关注于重要的类别。帕累托图是进行优化和改进的有效工具，尤其应用在质量检测方面。

如表 6-7 所示，这是一个零件生产中遇到的残次品出品原因与数量表，我们可以利用帕累托图将原因与次品数量的关系表达出来。

表 6-7　零件次品原因表

原因	次品数量
划伤	400
色差	300
粗糙	100
变形	80
断裂	60
麻点	35
其他	25

制作帕累托图需要注意以下 4 点：

(1) 折线的起点要与原点重合。

(2) 折线的第 2 个点要与第 1 个柱形图的右上角重合。

(3) 折线的最后一个点是最高点，也就是 100%，纵坐标轴的最大值为幂数之和。

(4) 每个柱子是紧挨着相邻的，没有间隙，也就是直方图。

帕累托图如图 6-20 所示。

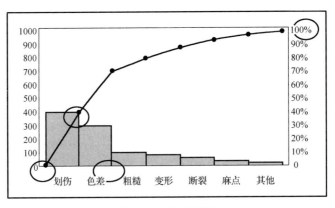

图 6-20　帕累托图

(1) 准备数据，增加占位数据列。如表 6-8 所示，增加"累计百分比""累计问题数"，并在 C 列第 2 行增加折线图起始点数据"0%"。

表 6-8　增加占位数据制作帕累托图

	A	B	C	D
1	原因	问题数	累计百分比	累计问题数
2			0%	
3	划伤	400	40.00%	400
4	色差	300	30.00%	700
5	粗糙	100	10.00%	800
6	变形	80	8.00%	880
7	断裂	60	6.00%	940
8	麻点	35	3.50%	975
9	其他	25	2.50%	1000

（2）选择表中 A3:C9 数据区域，按照双坐标轴的做法，创建一个线柱图。注意次坐标轴图形更改为"带数据标记的折线图"，如图 6-21 所示。但该图与帕累托图相比有 4 处不同，如图中画圈处。

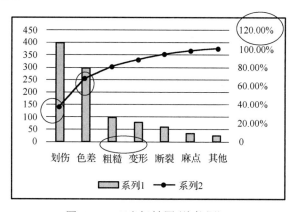

图 6-21　双坐标轴图（线柱图）

（3）为了使折线图的起点与横轴相交，单击折线图上任一点，再单击鼠标右键，选择"选择数据源"项，如图 6-22 所示。更改【系列 2】的系列值范围为\$C\$2:\$C\$9，如图 6-23 所示。折线图的起点与横坐标轴相交。

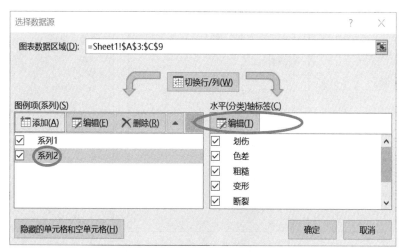

图 6-22　选择折线图数据

图 6-23　更改折线图数据范围

(4)折线的起点还未与原点重合。选中整个图表，依次单击"设计"→"添加图表元素"→"坐标轴"→"次要横坐标轴"，结果如图 6-24 所示。

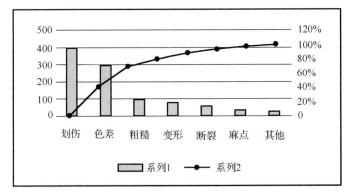

图 6-24　添加次要横坐标轴

(5)此时图表上方多了一个次要横坐标轴。选中该坐标轴，单击鼠标右键，弹出"设置坐标轴格式"窗口，如图 6-25 所示。将"坐标轴位置"选择为"在刻度线上"，折线的起点就与原点重合了。进一步设置"刻度线"的"主要类型"，以及"标签位置"都为"无"，最后将"填充"设置为"无线条"，效果如图 6-26 所示。

图 6-25　设置次要横坐标轴的显示方式

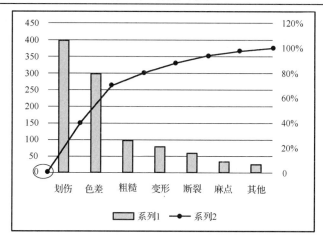

图 6-26　折线图起点与坐标原点重合

(6)为了使折线的最后一个点是最高点，选中次要纵坐标轴(右轴)，单击鼠标右键，弹出"设置坐标轴格式"窗口，设置"坐标轴选项"中"边界"的"最大值"为"1.0"，如图 6-27 所示。结果如图 6-28 所示。

图 6-27　设置次坐标轴最大值

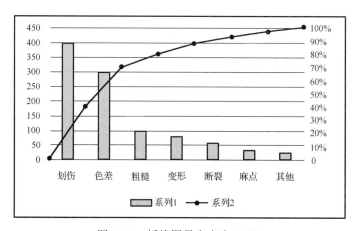

图 6-28　折线图最高点为 100%

（7）为了将图形更改为直方图的样式，选中"系列1"数据系列，单击鼠标右键，弹出"设置数据系列格式"窗口，将"分类间距"设置为".00%"，如图6-29所示，结果如图6-30所示。

图6-29　设置"系列1"数据系列间隔

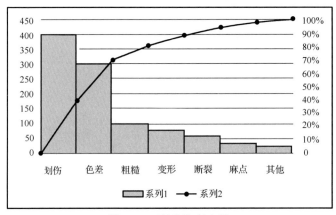

图6-30　更改为直方图

（8）为了使折线的第2点与"系列1"第1个柱子右上角重合，将主坐标轴（左轴）"边界"的"最大值"设置为"1000"，如图6-31所示，结果如图6-32所示。

图6-31　设置主坐标轴最大值

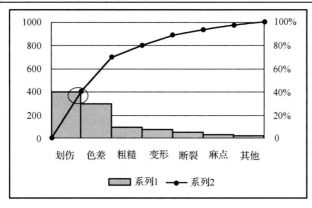

图 6-32　折线第 2 个点与第 1 个柱子右上角重合

(9)添加折线图数据标签，去掉网格线及图例项，帕累托图制作完成，如图 6-33 所示。

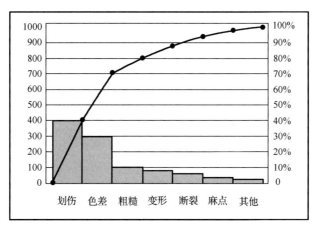

图 6-33　产品次品原因帕累托图

以图 6-33 为例，排名前 3 位的故障形态发生件数占到总不良数的 80%。按照二八原则，改善先从前 3 个故障形态着手即可，目标明确，易于操作。

6.2.7　旋风图

旋风图，也就是"对称条形图"或者"成对条形图"。旋风图主要用在以下情况：

(1)同一事物在某个活动、行为影响前后不同指标的变化，如某企业促销活动开展前后，产品收入、销量等不同指标的变化。

(2)同一事物在某个条件变化下(指标 A 的变化)，指标 B 受影响也随之变化，具有因果关系，如农产品价格与销量的关系。

(3)两个类别之间不同指标的比较，如某班男生和女生各科成绩对比，或部门 A 与部门 B 的业绩指标对比。

旋风图用途不限于以上 3 种，还可以用在其他行业的研究中，这里介绍主要作用。

如表 6-9 所示，这是某公司各部门男女员工人数对比数据，我们可以制作旋风图来看出清晰的对比关系。

表 6-9　男女员工人数对比表

	A	B	C
1	部门	男性	女性
2	生产部	63.00%	37.00%
3	品质部	44.00%	56.00%
4	行政部	68.00%	32.00%
5	销售部	45.00%	55.00%
6	技术部	68.00%	32.00%
7	财务部	55.00%	45.00%
8	人力资源部	67.00%	33.00%

(1)选中 A1:C8 数据区域，选择组合图，将图表类型都设置为"簇状条形图"，并将女性系列设置为次坐标轴，如图 6-34 所示。

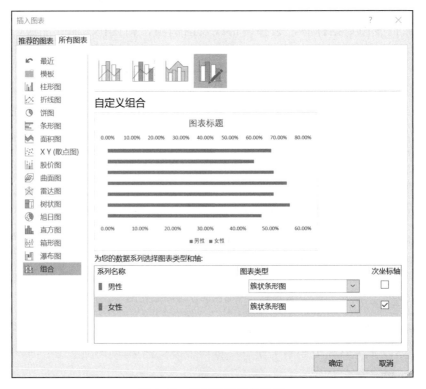

图 6-34　制作双坐标条形图

(2)调整主次坐标轴的最大值、最小值。旋风图是左右两边数据的比较，所以主次坐标轴的最小值必须设置为负数，才能表达一个项目的数据比较。选择主坐标轴，单击鼠标右键，弹出"设置坐标轴格式"窗口，将"边界"的"最小值"设置为"-0.8"，"最大值"设置为"0.8"。同样将次坐标轴的"最小值"与"最大值"也设置为"-0.8"和"0.8"。并且将次坐标轴设置为"逆序刻度值"，如图 6-35 所示。这样"女性"数据系列整体转到左边，如图 6-36 所示。

(3)此时纵坐标轴标签顺序与原表中的数据顺序是相反的。选择纵坐标轴，单击鼠标右键，弹出"设置坐标轴格式"窗口，在"坐标轴选项"中选中"逆序类别"，这样纵坐标轴标签的顺序就调整好了。再将"标签位置"设置为"低"，目的是把坐标轴标签移至左边，如图 6-37 所示。效果如图 6-38 所示。

图 6-35 设置坐标轴边界值

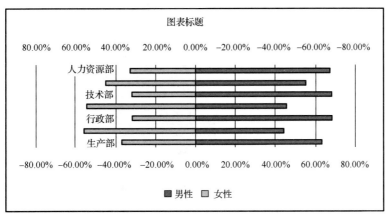

图 6-36 坐标轴边界值设置后效果

图 6-37 设置纵坐标轴格式

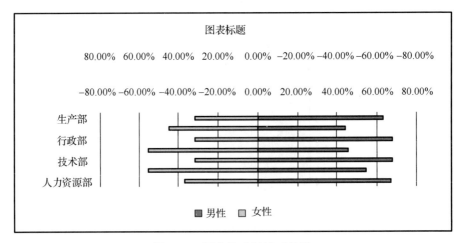

图 6-38　调整纵坐标轴后效果

(4) 美化图表，删除主次横坐标轴、网格线，调整两个数据系列的分类间距，并添加数据系列标签，如图 6-39 所示。

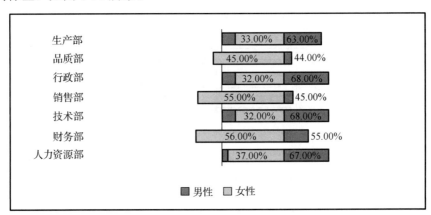

图 6-39　部门人员性别情况分析旋风图

6.2.8　漏斗图

漏斗图在 Google Analytics 的报告里代表 "目标和渠道"，在 Web Trends 里叫作 "场景分析"，在 Omniture 的 SiteCatalyst 里被称为 "产品转换漏斗"。虽然对漏斗图的称呼不一样，但它都是用来衡量网站中业务流程表现的，适用于电商等各个行业。漏斗图可以非常直观地看出网站业务流程中的问题所在，从而加以完善。

漏斗图适用于业务流程比较规范、周期长、环节多的流程分析，通过对漏斗各环节业务数据的比较，能够直观地发现和说明问题所在。以电商为代表的网站为例，通过转化率比较能充分展示用户从进入网站到实现购买的最终转化率，如图 6-40 所示。漏斗图是评判产品健康程度的图表，由网站的每一个设计步骤的数据转化反馈得到结论，然后通过各阶段的转化分析去改善设计，在提升用户体验的同时也提高网站的最终转化率。

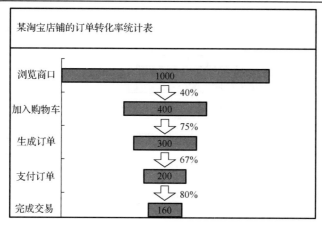

图 6-40　订单转换率漏斗图

漏斗图以漏斗形状来显示总和等于 100% 的一系列数据，在 Excel 中可以通过堆积条形图来实现。如表 6-10 所示的是某电商店铺订单转换情况表，通过制作漏斗图来分析每一个阶段的转化情况，以便于观察和分析每个阶段中存在的问题。

表 6-10　订单转换情况表

环节	人数
浏览商品	1000
放入购物车	400
生成订单	300
支付订单	200
完成交易	170

(1) 由于漏斗图是用堆积条形图制作的，需要添加"占位数"把条形图"挤"到中间去，如表 6-11 所示。

表 6-11　表格添加占位数据

环节	人数	占位数	每环节转化率	总体转化率
浏览商品	1000	0	100.00%	100.00%
放入购物车	400	300	40.00%	40.00%
生成订单	300	350	75.00%	30.00%
支付订单	200	400	66.67%	20.00%
完成交易	170	415	85.00%	17.00%

占位数=(第一环节人数–本环节人数)/2

每环节转化率=(本环节人数–上一环节人数)/上一环节人数

总体转化率=本环节人数/第一环节人数

(2) 选择 A1:C6 数据区域，插入堆积条形图，如图 6-41 所示。

通过观察发现以下两个需要解决的问题。

问题 1：目前堆积条形图纵坐标轴标签顺序反了。

问题 2：条形图位置应该处于中间。

(3) 选中纵坐标轴，单击鼠标右键，弹出"设置坐标轴格式"窗口，在"坐标轴选项"中选中"逆序类别"，解决问题 1，如图 6-42 所示。

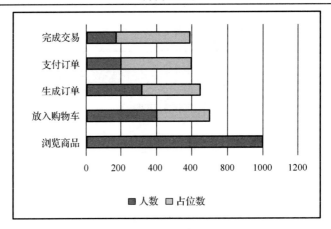

图 6-41　堆积条形图

图 6-42　设置"逆序类别"

（4）在图表上单击鼠标右键，在"选择数据"中，选中"人数"数据系列，单击"下移"按钮，如图 6-43 所示，解决问题 2，效果如图 6-44 所示。

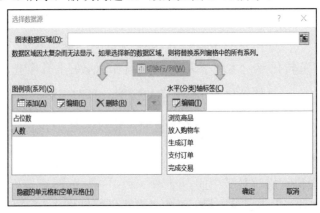

图 6-43　下移"人数"数据系列

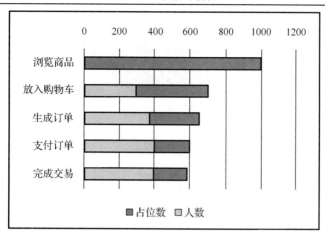

图 6-44　改变数据源

(5) 选中"占位数"数据系列，在"设置数据系列"中，把填充颜色及边框颜色设置为"无"。

(6) 为图表添加数据标签，并设置数据标签格式，将"标签选项"设置为"单元格中的值"，选择数据表中 E2:E6 数据区域，及数据表中的"总体转化率"，如图 6-45 所示。

(7) 为漏斗图添加外框，选中图表，单击"设计"选项卡下"添加图表元素"，选择"线条"中的"系列线"，如图 6-46 所示。

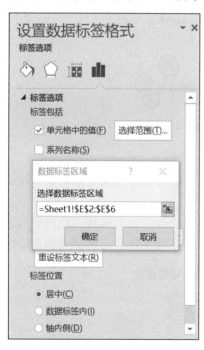

图 6-45　添加数据标签

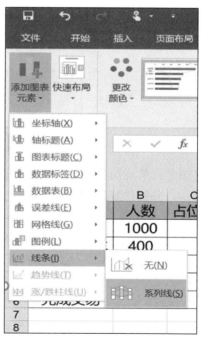

图 6-46　添加图表系列线

(8) 美化图表，删除图例和网格线，手动添加箭头及每环节转化率数据，适当改变颜色，漏斗图完成，如图 6-47 所示。

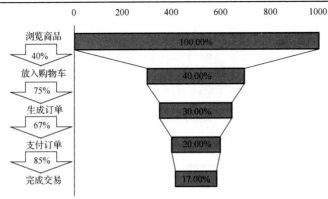

图 6-47　订单转化漏斗图

6.2.9　矩阵图

矩阵图法就是从多维问题事件中，找出成对的因素，排列成矩阵图，然后根据矩阵图来分析问题，确定关键点的方法。它是一种通过多因素综合思考、探索问题的好方法。

矩阵图应用比较广泛，一般应用于竞争对手分析、新产品策划、方针目标开展等方面，如波士顿矩阵图、麦肯锡矩阵分析法都是典型的矩阵图分析方法，用来制定企业战略规划，如图 6-48 所示。

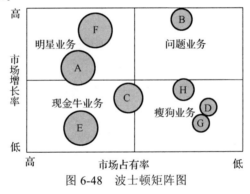

图 6-48　波士顿矩阵图

矩阵图是在散点图的基础上进行变化得到的，以十字形线条分割数据区域，以区分不同的类别，并提供解决问题的方向。

如表 6-12 所示为某百货公司商品销售情况，是某百货公司各种商品的销售利润情况表。根据销量和利润率两个维度分析制作矩阵图，分析各种商品的销售情况。

表 6-12　某百货公司商品销售情况

	A	B	C
1	产品	销量	利润率
2	A	600	47%
3	B	750	34%
4	C	1000	58%
5	D	379	36%
6	E	763	54%
7	F	583	24%
8	G	408	40%
9	H	1200	39%
10	I	274	50%
11	J	836	34%
12	K	180	32%
13	平均值	634	41%

（1）选择 B2:C12 数据区域，创建散点图。做散点图时只需要选择横坐标与纵坐标对应的值即可，无须把指标名称和字段名称选入作图数据范围。

（2）删除图表标题和网格线，效果如图 6-49 所示。

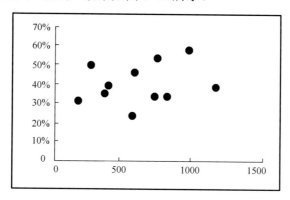

图 6-49　散点图

（3）为了能够形成矩阵的样子，可以利用横、纵坐标轴，把横坐标轴向上移，纵坐标轴向右移。选中横坐标轴，单击鼠标右键，弹出"设置坐标轴格式"窗口，将"纵坐标交叉"的"坐标轴值"设置为数据表中的"销量"平均值"634"，如图 6-50 所示。这样纵坐标轴就向右移动到横坐标轴中间位置。再将"刻度线"下的"主要类型"以及"标签位置"都设置为"无"，效果如图 6-51 所示。

图 6-50　设置纵坐标轴交叉

（4）同理，选中纵坐标轴，单击鼠标右键，弹出"设置坐标轴格式"窗口，将"横坐标交叉"的"坐标轴值"设置为数据表中的"利润率"平均值"0.41"，如图 6-52 所示。这样横坐标轴就向上移动到纵坐标轴中间位置。再将"刻度线"下的"主要类型"以及"标签位置"都设置为"无"，效果如图 6-53 所示。

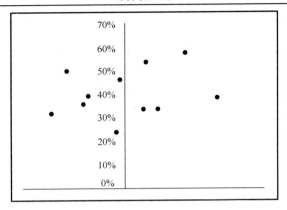

图 6-51　纵坐标轴右移

图 6-52　设置横坐标轴交叉

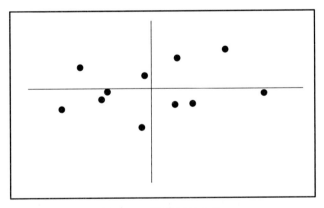

图 6-53　横坐标轴上移

(5) 为图表添加数据标签，并设置数据标签格式。将"标签选项"设置为"单元格中的值"，如图 6-54 所示。选择数据表中 A2:A12 数据区域，适当调整标签位置。

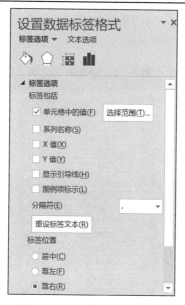

图 6-54 设置数据标签格式

(6)美化图表，利用插入图形的方式绘制箭头，添加文本框，做适当的标签说明，按照分区的原则为数据点更改颜色和大小，以做重点区分。制作完成的矩阵图效果如图 6-55 所示。

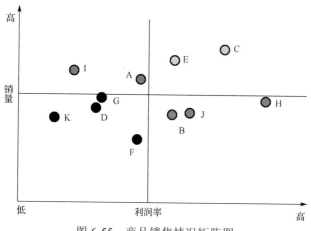

图 6-55 商品销售情况矩阵图

从该百货公司商品销售情况矩阵图中可以看出，商品 A 与商品 I 利润较高，但需要加大销售力度，提高销量，给予重点关注；而 K、D、G、F 这 4 种商品销售量低，利润率也不高，可考虑减少进货量。

6.2.10 动态图表

动态图表也称交互式图表，即图表的内容可以随用户的选择而变化，是图表分析的较高级形式。一旦从静态图表跨入动态图表，则分析的效率和效果都会得到极大提升。一个好的动态图表可以让人从大量的数据里快速找到问题所在。

如表 6-13 所示是某超市的销售流水记录，每天的销售情况都会按顺序记录到该工作表的 A-B 列中。需要将最近 7 天的销售额绘制成柱形图，也就是无论表中的数据记录添加多少，柱形图始终显示最近 7 天的结果。

表 6-13　销售流水记录

	A	B
1	日期	销售额(万元)
2	2017/12/29	99
3	2017/12/30	87
4	2017/12/31	102
5	2018/1/1	85
6	2018/1/2	62
7	2018/1/3	56
8	2018/1/4	52
9	2018/1/5	95
10	2018/1/6	84
11	2018/1/7	72
12	2018/1/8	92
13	2018/1/9	75
14	2018/1/10	82

(1)动态图表的实现依赖于用公式生成数据。我们用公式生成的数据来代替原数据表的数据，通过公式中函数参数的变化来达到动态的目的。

如图 6-56 所示，单击"公式"选项卡，打开"名称管理器"窗口，分别定义两个名称：
① 日期

=OFFSET(Sheet1!$A$1,COUNT(Sheet1!$A:$A),0,-7)

② 销售额

=OFFSET(Sheet1!$B$1,COUNT(Sheet1!$B:$B),0,-7)

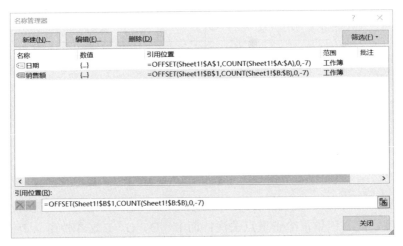

图 6-56　自定义名称

"名称管理器"是 Excel 专门管理名称的工具。编辑好名称后，在使用公式时就可以直接引用该名称，而不用选择该名称对应的数据区域，这使我们的数据分析更加简单方便。对于动态图表来说，数据范围随时发生变化，利用函数定义好区域后，制作的图表引用该数据区域就可以跟随数据变化。

OFFSET 函数是一个引用函数，表示引用某一个单元格或者区域。OFFSET 函数是以指定的应用为参考系，通过上下左右偏移得到新的区域的引用。返回的引用可以是一个单元格也可以是一个区域，并且可以引用指定行列数的区域。

语法格式为：OFFSET（reference,rows,cols,height,width）

在该步骤中，OFFSET 函数以 A1 为基点，以 COUNT 函数的计算结果作为向下偏移的行数。也就是 A 列有多少个数值，就向下偏移多少行。OFFSET 行数新引用的行数是–7，得到从 A 列数值的最后一行开始，向上 7 行这样一个动态区域。如果 A 列的数值增加，COUNT 函数的计数结果也随之增加，OFFSET 函数的偏移参数也就发生变化，即始终返回 A 列最后 7 行的引用。

(2)选中 A1:B7 单元格区域，插入簇状柱形图，如图 6-57 所示。此时柱形图显示的就是前 7 天的数据。

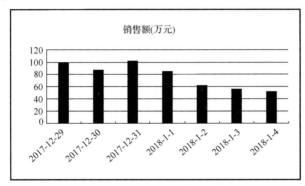

图 6-57　插入簇状柱形图

(3)选中"销售额"数据系列，单击鼠标右键，弹出"选择数据"窗口，在"选择数据源"对话框中，分别将"销售额"和"日期"的数据区域设置为 step1 中定义好的数据区域，如图 6-58 所示。

单击"图例项(系列)"下的"编辑"按钮，在弹出的"设置数据系列"对话框中，将"系列值"修改为：=Sheet1!销售额。

单击"水平(分类)轴标签"下的"编辑"按钮，在弹出的"轴标签"编辑框中，将"轴标签区域"修改为：=Sheet1!日期。

这时图表中的数据源就已经改变为数据表中近 7 天的数据了。

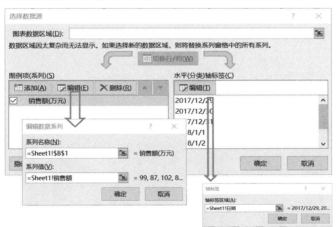

图 6-58　修改数据源

(4)美化图表,修改图表标题,删除网格线,完成设置,如图 6-59 所示。当数据源增加后,图表会自动更新。

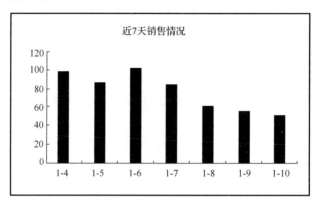

图 6-59　销售情况动态柱形图

6.3　思考与练习

1．如何利用折线图制作竖形折线图?

2．参考旋风图的制作方法,制作人口金字塔图。

3．如何制作游戏战报雷达图?

4．如何利用饼图制作圆环图?

5．统计每天的销售额,如何制作一张能够实时更新、直观地展现每天销售额走势的图表?

6．如何利用切片器制作动态图表?

7．制作气泡图,发现气泡图与散点图的区别,思考气泡的面积大小的含义。

8．查阅资料,模仿"经济学人""华尔街日报"、麦肯锡等制作高级图表。

9．思考图表美化原则。

第 7 章　Access 数据库

7.1　概　　述

数据库基本概念在本书第 1 章已有提及，本章不再重复。本章先简介数据库设计的步骤，再结合一个案例，介绍 Access 数据库的基本用法。

数据库应用系统的设计与普通应用程序系统的设计有所不同。数据库应用设计突出数据设计的过程，应用系统的数据模型建立是应用系统的基础，如果这部分没有设计好，再好再多的程序也会变得徒劳无功。换句话说，数据库设计的优劣将直接影响数据库应用系统的质量和运行效果。因此，设计一个结构优化的数据库是对数据进行有效管理的前提和产生正确信息的保证。

数据库设计是将现实世界中的信息，根据数据库的组织结构约束，表现在计算机中。根据数据库体系结构，数据库分为用户级、概念级和物理级，它们分别对应外模式、概念模式和内模式。因此数据库的设计可分为两大部分，一部分是数据库的逻辑设计，它包括了对应于概念级的概念模式，即数据库管理系统要处理的数据库全局逻辑结构，也包括了对应于用户级的外模式；另一部分是数据库的物理设计，它是在逻辑结构已确定的前提下设计数据库的存储结构，即对应于物理级的内模式。为完成这两大部分的设计工作，整个设计过程可分为 6 个步骤，如图 7-1 所示。

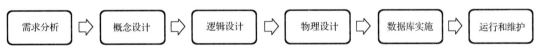

图 7-1　数据库设计步骤

1. 需求分析

进行数据库设计首先必须准确地了解与分析用户需求(包括数据和处理)。需求分析是整个设计过程的基础，是最困难、最耗时间的一步。需求分析做得不好，甚至会导致整个数据库设计返工重做。

2. 概念设计

概念结构设计是整个数据库设计的关键，它通过对用户需求进行综合、归纳与抽象，形成一个独立于具体 DBMS 的概念模型(实体模型)。

3. 逻辑设计

逻辑结构设计是将概念结构转换为某个 DBMS 所支持的数据模型(关系模型)，并对其进行优化。

4. 物理设计

物理设计是为逻辑数据模型选取一个最适合应用环境的物理结构(包括存储结构和存储方法)。

5. 数据库实施

在数据库实施阶段,设计运用 DBMS 提供的数据语言及其宿主语言,根据逻辑设计和物理设计的结果建立数据库,编制与调试应用程序,组织数据入库,并进行试运行。

6. 数据库运行和维护

数据库应用系统经过试运行之后,即可投入正式运行。在数据库系统运行过程中,必须不断地对其进行评价、调整和修改。设计一个完善的数据库应用系统是不可能一蹴而就的,它往往是上述 6 个步骤不断反复的过程。

需要指出的是,这个设计步骤既是数据库设计的过程,也包括了数据库应用系统的设计过程。在设计过程中把数据库的设计和对数据库中数据处理的设计紧密结合起来,将这两个方面的需求分析、抽象、设计、实现在各个阶段同时进行,相互参照,相互补充,以完善两方面的设计。事实上,如果不了解应用环境对数据的处理要求,或没有考虑如何去实现这些处理要求,是不可能设计出一个良好的数据库结构的。

以下重点讲述前 3 个阶段。

7.1.1 需求分析

需求分析简单地说就是分析用户的要求。需求分析是设计数据库的起点,需求分析的结果是否准确地反映了用户的实际要求,将直接影响后面各个阶段的设计,并影响设计结果是否合理和实用。

需求分析的任务是通过详细调查现实世界要处理的对象(组织、部门、企业等),充分了解原系统(手工系统或计算机系统)工作概况,明确用户的各种需求,然后在此基础上确定新系统的功能。新系统必须充分考虑今后可能的扩充和改变,不能仅仅按当前应用需求来设计数据库。

调查的重点是"数据"和"处理",通过调查、收集与分析,获得用户对数据库的如下要求:

(1)信息要求:指用户需要从数据库中获得信息的内容与性质。由信息要求可以导出数据要求,即在数据库中需要存储哪些数据。

(2)处理要求:指用户要完成什么处理功能,对处理的响应时间有什么要求,处理方式是批处理还是联机处理。

(3)安全性与完整性要求:确定用户的最终需求是一件很困难的事,经过调查,掌握了必要的数据和资料,对数据的基本规律和用户要求就非常清楚了。在此基础上,结合对已有系统的分析结果，要确定系统的范围及它同外部环境之间的相互关系。即确定哪些功能由计算机完成或将来准备让计算机完成，哪些由人工完成。这也就是确定系统的边界，提出系统的功能。

7.1.2 概念设计

在需求分析阶段，数据库设计人员充分地调查和分析用户的应用需求。概念模型设计是系统结构设计的第一步，它是在需求分析的基础上对客观世界所做的抽象，它独立于数据库的逻辑结构，也独立于具体的 DBMS。概念模型是对实际应用对象形象而具体的描述，概念模型设计的目标是产生出一个能反映组织信息需求的概念模型。

概念模型设计要借助于某种方便、直观的描述工具，描述概念模型的有力工具是 E-R 模型。E-R 模型用几个基本元素，表达现实世界复杂的数据之间的联系和约束条件。

运用 E-R 方法可以方便地进行概念模型设计。概念模型设计是对实体的抽象过程，这个过程分三步来完成。首先根据各个局部应用设计出分 E-R 图，然后综合各分 E-R 图得到初步 E-R 图，在综合过程中主要的工作是消除冲突，最后对初步 E-R 图消除冗余，得到基本 E-R 图。

下面以学籍管理为例来说明如何从分析数据间的关系入手，消除初步 E-R 图中的冗余，得到基本 E-R 图的方法。为简化 E-R 图，一般在图中不画实体的属性。假设学籍管理由学生处、教务处两个部门组成，画出该系统的 E-R 图。

先完成各个部门分 E-R 图的设计。

(1)学生处：学生处负责学生注册和奖罚管理。由现实世界可以知道，一个学生只在一个班级，一个班级有多名学生，一个学生可以有多种奖罚，多个学生可以受到同一种奖罚。其分 E-R 图如图 7-2 所示。

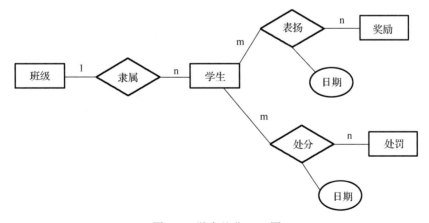

图 7-2 学生处分 E-R 图

(2)教务处：教务处负责学生成绩管理。由现实世界可以知道，一个学生只在一个班级，一个班级有多名学生，一个学生可以选修多门课程，一门课程可以由多个学生选修。其分 E-R 图如图 7-3 所示。

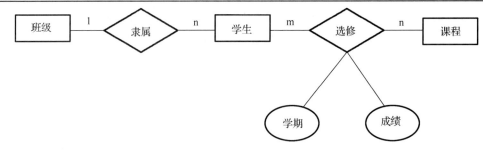

图 7-3　教务处分 E-R 图

合并各个部门分 E-R 图，并消除冗余的联系"班级-学生"，生成基本 E-R 图。其基本 E-R 图如图 7-4 所示。

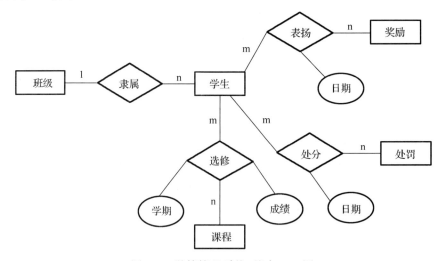

图 7-4　学籍管理系统 基本 E-R 图

7.1.3　逻辑设计

概念模型是独立于任何数据模型的信息结构，逻辑设计的任务就是把概念设计阶段设计好的基本 E-R 图转换为与选用 DBMS 产品所支持的数据模型相符合的逻辑结构。

在已给定 DBMS 的情况下，数据库的逻辑模型设计可以分三步来进行：

(1)把概念模型转换成一般的数据模型。

(2)把一般的数据模型转换为特定的 DBMS 所支持的数据模型。

(3)对数据模型进行优化。

把概念模型转换为关系数据模型就是把 E-R 图转换成一组关系模式，它需要完成以下工作：

(1)确定整个数据库由哪些关系模式组成，即确定有哪些"表"。

(2)确定每个关系模式由哪些属性组成，即确定每个"表"中的字段。

(3)确定每个关系模式中的主码(关键字)属性。

根据上述目标可以采取以下规则来完成从概念模型到关系数据模型的转换。

(1)每一个实体转换为一个关系模式:以实体名为关系名,以实体的属性为关系的属性,确定主码(关键字)属性。

(2)每个联系按照下列规则转换为关系模式。

一对一的联系:将一个表的主码作为外码放在另一个表中。外码通常放在存取操作比较频繁的表中,或者根据问题的语义决定放在哪一个表中。如果两个实体之间是一对一联系,也可以将两个实体合成一个实体。

一对多联系:将"一"表中的主码作为外码放在"多"表中,因此,外码总是在"多"的一方。

多对多联系:建立复合实体,复合实体的主码一般由两个(或两个以上)联系实体的主码复合组成。复合实体的主码也是外码,所以,它们不能为空。除此之外,复合实体的属性中还应包括联系的属性。

为了易于理解上述转换规则,下面以图 7-4 所示的学籍管理系统的 E-R 图为例,说明这些规则的使用方法。

(1)每一个实体转换为一个关系模式。

图 7-4 所示的学籍管理系统的 E-R 图中共有 5 个实体分别转换为以下 5 个关系模式:

学生(学号,姓名,性别,出生日期,身份证号,注册日期)

班级(班级编号,班级名称,专业,系别,学制)

课程(课程编号,课程名称)

奖励(奖励编号,奖励名称,奖励级别)

处罚(处罚编号,处罚名称,处罚级别)

(2)联系的转换方法。

① 一对多联系:只有"班级""学生",把班级编号放入学生关系即可。

② 多对多联系:有"选修""表扬""处分"3 个联系,分别建立如下关系:

选修(学号,课程编号,学期,成绩)

表扬(学号,奖励编号,日期)

处分(学号,处罚编号,日期)

因此,学籍管理系统的关系模型如下:

学生(学号,姓名,性别,出生日期,身份证号,注册日期,班级编号)

班级(班级编号,班级名称,专业,系别,学制)

课程(课程编号,课程名称)

奖励(奖励编号,奖励名称,奖励级别)

处罚(处罚编号,处罚名称,处罚级别)

选修(学号,课程编号,学期,成绩)

表扬(学号,奖励编号,日期)

处分(学号,处罚编号,日期)

数据库逻辑设计的结果不是唯一的,为了进一步提高数据库应用系统的性能,在完成了概念模型向关系模型的转换后,还要对关系模型进行优化。同为关系模型,不同的 DBMS 有许多不同的限制,提供不同的环境和工具,因此,设计人员必须非常清楚所用 DBMS 的功能和限制,然后根据条件把一般的关系模型转换为适合于具体系统的模型。

在这一步的转换过程中，还要充分利用 DBMS 的特点对关系模型加以改进，以提高系统的效率。

关系模型的优化一般采用数据库规范化理论对关系模式进行分解或合并。设计中，应尽量减少关系模式的个数，从而确定一组合适的关系模式。

7.2　数据交换

之前的章节中，一直在使用 Excel 完成数据的各种计算处理、统计分析，让我们见识了 Excel 强大的数据处理能力。事实上，在数据分析领域中，Access 也是一种常用的工具，针对某些特定的问题，借助 Access 的特有能力，可以做到化繁为简，化难为易，使我们的数据分析与处理方面的功力大增。

Access 是 Office 中的一个重要组件，是十分流行的小型桌面数据库管理软件，最让人印象深刻的是其可"随手设计一个小软件"的特点。

本章将以一个模拟销售数据管理案例，以 Access 的方式展示数据处理的过程，并以此体验数据库思维的特点。

案例背景以 4 张 Excel 表格数据为基础，如表 7-1、表 7-2、表 7-3、表 7-4 所示。

表 7-1　客户表数据

客户手机	姓名	性别	收货地址
13999999999	张3	男	1号楼501
13888888888	李4	女	2号楼327
13777777777	王2	男	3号楼608

表 7-2　商品表数据

商品号	商品名	单价	单位	库存
sp-00001	A品牌面膜	300	盒	5000
sp-00002	B品牌面膜	250	盒	5000
sp-00003	C品牌面膜	200	盒	5000
sp-00004	D品牌面膜	150	盒	5000
sp-00005	E品牌面膜	100	盒	5000

表 7-3　订单表数据

订单号	手机号码	日期	状态
dd-00001	13999999999	2018-01-02	完成
dd-00002	13888888888	2018-01-05	完成
dd-00003	13888888888	2018-01-06	完成
dd-00004	13777777777	2018-01-15	完成
dd-00005	13999999999	2018-01-20	完成
dd-00006	13777777777	2018-02-10	完成
dd-00007	13888888888	2018-02-15	完成
dd-00008	13999999999	2018-02-18	完成
dd-00009	13999999999	2018-03-03	
dd-00010	13777777777	2018-03-25	
dd-00011	13888888888	2018-03-26	
dd-00012	13999999999	2018-03-27	

表 7-4　订单明细表数据

订单号	商品号	数量
dd-00001	sp-00001	5
dd-00001	sp-00002	6
dd-00001	sp-00003	7
dd-00002	sp-00001	3
dd-00002	sp-00004	4
dd-00003	sp-00002	10
dd-00003	sp-00001	10
dd-00003	sp-00005	5
dd-00004	sp-00004	4
dd-00005	sp-00004	4
dd-00006	sp-00005	6
dd-00007	sp-00005	7
dd-00007	sp-00003	2
dd-00008	sp-00005	2
dd-00009	sp-00005	2
dd-00010	sp-00001	3
dd-00010	sp-00002	4
dd-00010	sp-00003	5
dd-00011	sp-00004	6
dd-00011	sp-00005	5
dd-00012	sp-00001	4
dd-00012	sp-00002	7
dd-00012	sp-00003	2
dd-00012	sp-00004	2
dd-00012	sp-00005	2

将 4 张表存储在一张表中，如表 7-5 所示。

表 7-5　所有数据存储在一张表中

客户手机	姓名	性别	收货地址	订单号	手机号码	日期	状态	商品号	数量	商品名	单价	单位	库存
13999999999	张3	男	1号楼501	dd-00012	13999999999	2018/3/27		sp-00005	2	E品牌面膜	100	盒	5000
13999999999	张3	男	1号楼501	dd-00012	13999999999	2018/3/27		sp-00001	4	A品牌面膜	300	盒	5000
13999999999	张3	男	1号楼501	dd-00012	13999999999	2018/3/27		sp-00002	7	B品牌面膜	250	盒	5000
13999999999	张3	男	1号楼501	dd-00012	13999999999	2018/3/27		sp-00003	2	C品牌面膜	200	盒	5000
13999999999	张3	男	1号楼501	dd-00012	13999999999	2018/3/27		sp-00004	2	D品牌面膜	150	盒	5000
13999999999	张3	男	1号楼501	dd-00009	13999999999	2018/3/3		sp-00005	2	E品牌面膜	100	盒	5000
13999999999	张3	男	1号楼501	dd-00008	13999999999	2018/2/18	完成	sp-00005	2	E品牌面膜	100	盒	5000
13999999999	张3	男	1号楼501	dd-00005	13999999999	2018/1/20	完成	sp-00004	4	D品牌面膜	150	盒	5000
13999999999	张3	男	1号楼501	dd-00001	13999999999	2018/1/2	完成	sp-00002	6	B品牌面膜	250	盒	5000
13999999999	张3	男	1号楼501	dd-00001	13999999999	2018/1/2	完成	sp-00003	7	C品牌面膜	200	盒	5000
13999999999	张3	男	1号楼501	dd-00001	13999999999	2018/1/2	完成	sp-00001	5	A品牌面膜	300	盒	5000
13888888888	李4	女	2号楼327	dd-00011	13888888888	2018/3/26		sp-00004	6	D品牌面膜	150	盒	5000
13888888888	李4	女	2号楼327	dd-00011	13888888888	2018/3/26		sp-00005	5	E品牌面膜	100	盒	5000
13888888888	李4	女	2号楼327	dd-00007	13888888888	2018/2/15	完成	sp-00003	2	C品牌面膜	200	盒	5000
13888888888	李4	女	2号楼327	dd-00007	13888888888	2018/2/15	完成	sp-00005	7	E品牌面膜	100	盒	5000
13888888888	李4	女	2号楼327	dd-00003	13888888888	2018/1/6	完成	sp-00002	10	B品牌面膜	250	盒	5000
13888888888	李4	女	2号楼327	dd-00003	13888888888	2018/1/6	完成	sp-00001	10	A品牌面膜	300	盒	5000
13888888888	李4	女	2号楼327	dd-00003	13888888888	2018/1/6	完成	sp-00005	5	E品牌面膜	100	盒	5000
13888888888	李4	女	2号楼327	dd-00002	13888888888	2018/1/5	完成	sp-00001	3	A品牌面膜	300	盒	5000
13888888888	李4	女	2号楼327	dd-00002	13888888888	2018/1/5	完成	sp-00004	4	D品牌面膜	150	盒	5000
13777777777	王2	男	3号楼608	dd-00010	13777777777	2018/3/25		sp-00001	3	A品牌面膜	300	盒	5000
13777777777	王2	男	3号楼608	dd-00010	13777777777	2018/3/25		sp-00002	4	B品牌面膜	250	盒	5000
13777777777	王2	男	3号楼608	dd-00010	13777777777	2018/3/25		sp-00003	5	C品牌面膜	200	盒	5000
13777777777	王2	男	3号楼608	dd-00006	13777777777	2018/2/10	完成	sp-00005	6	E品牌面膜	100	盒	5000
13777777777	王2	男	3号楼608	dd-00004	13777777777	2018/1/15	完成	sp-00001	3	A品牌面膜	300	盒	5000

　　分别以客户、商品、订单及订单明细组织数据存储，而不是以表 7-5 的形式组织数据存储，这是由于数据库技术中的数据规范化要求，诸如解决数据冗余、数据共享及各种插入删除异常等。技术细节可参看数据库技术相关资料。同时，为便于理解数据关系，对表中数据进行了简化处理，但不影响数据关系的表达。

7.2.1 数据导入

本章中，作为示例，我们使用 Access 2016。事实上，Access 2010、Access 2013 与 Access 2016 界面布局相似度很高，只是功能上有些许差别，但本章中几乎不会涉及这些差别。

启动 Access 软件，进入如图 7-5 所示的界面。

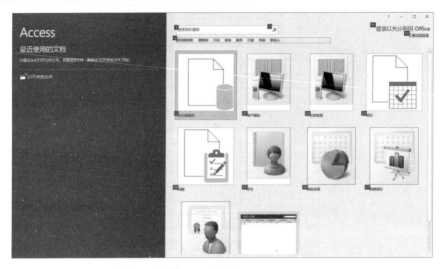

图 7-5　启动 Access

这个界面中有多个选项，包括一些可以直接使用的数据库模板；然而，在明白 Access 的工作方式之前，试图使用这些模板并非易事。

这里，希望经历 Access 数据库建立的全过程。

(1)单击第 1 个选项"空白数据库"，进入如图 7-6 所示界面。

(2)在文件名处输入数据库名称"订单管理数据库"。存储位置改为：F:\MyAccess。

(3)单击"创建"按钮，进入如图 7-7 所示界面。

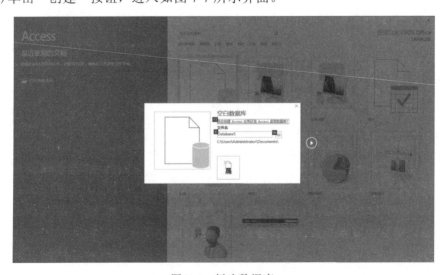

图 7-6　新建数据库

图 7-7　订单管理数据库

此时进入 Access 默认的创建表界面，默认表名为"表 1"。

我们的数据之前已经保存在 Excel 中，现在只需从 Excel 中导入即可，而不需要从 Access 建立表做起。所以单击"表 1"创建界面右上角的"x"，关闭"表 1"创建界面。

Access 中的数据存储在表中，建立的过程通常是先定义表结构，再依次输入数据。此处我们先忽略这个过程，而直接从 Excel 表中导入数据，方法有以下两个。

方法 1：复制粘贴（以客户表导入为例）

先打开存放数据的 Excel 文件，选择要复制的数据区域，如图 7-8 所示。

然后，回到 Access 界面中，在 Access 界面左侧的"所有 Access 对象"下的空白处单击鼠标右键，在弹出的快捷菜单里选"粘贴"命令，如图 7-9 所示。

此时会弹出一个对话框，确定所粘贴的数据是否包括列标题，因为 Excel 中的数据表中已经包含了列标题，所以选择"是"，Access 会提示数据已经成功导入，如图 7-10 所示。

图 7-8　Excel 中的数据

图 7-9　粘贴数据

图 7-10　数据成功导入界面

此时，在 Access 界面左侧的"所有 Access 对象"字样下面，能看到已经导入的客户表。通常情况下，从 Excel 中导入的数据会以其工作表的名称作为 Access 中数据表的名称，如果需要修改，可以通过鼠标右键单击表名，选"重命名"即可。

双击导入的客户表，可打开该数据表，查看数据表的所有内容，如图 7-11 所示。

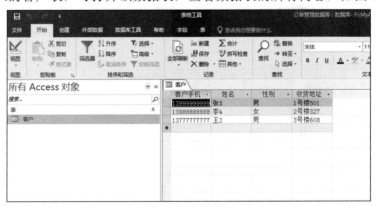

图 7-11　Access 中的客户表数据

方法 2：外部数据导入（以商品表为例）

在 Access 中单击"外部数据"选项卡，然后单击"导入并链接"组中的"新数据源"按钮，可以看到，Access 可以以若干种方式导入数据，如图 7-12 所示。限于篇幅，这里仅讨论从 Excel 中导入（其他形式的数据导入过程大同小异）。

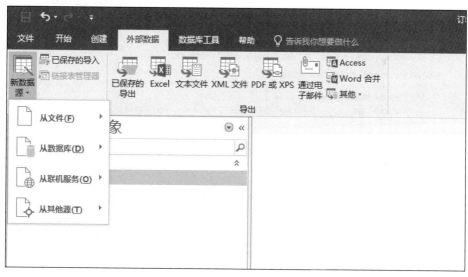

图 7-12　导入数据源选择

在图 7-12 所示界面中选择"从文件"选项，在下级菜单中选 Excel(X)项，如图 7-13 所示。

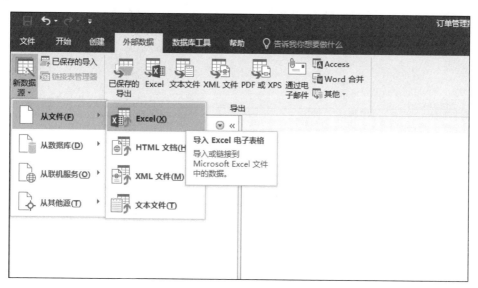

图 7-13　选择 Excel 数据源

进入"获取外部数据-Excel 电子表格"对话框，对话框中"文件名"指定选择前述存放数据的 Excel 文档，导入目标选第一种："将源数据导入当前数据库的新表中"，如图 7-14 所示。

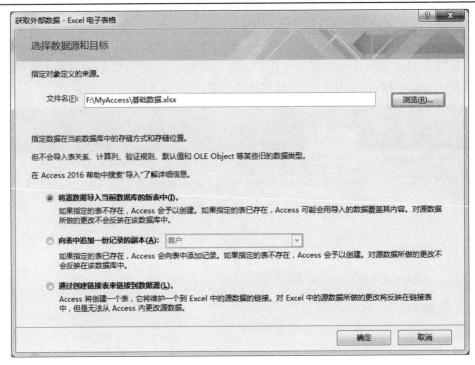

图 7-14 选择数据源和目标

单击"确定"按钮，进入"导入数据表向导"，如图 7-15 所示。

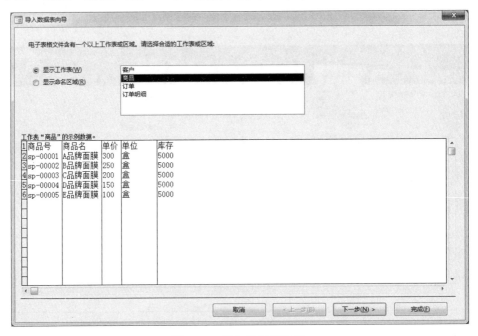

图 7-15 导入数据表向导

在"导入数据表向导"中选择"商品"表，单击"下一步"按钮，进入如图 7-16 所示界面。

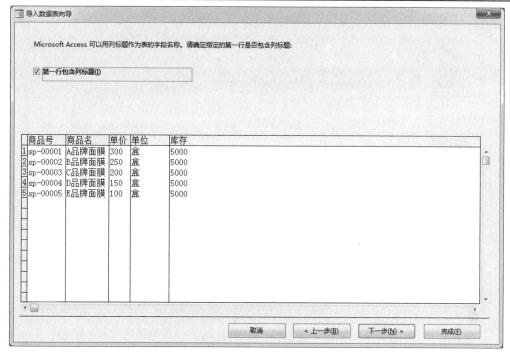

图 7-16　向导步骤 2

选中"第一行包含列标题"后，单击"下一步"按钮，进入如图 7-17 所示界面。

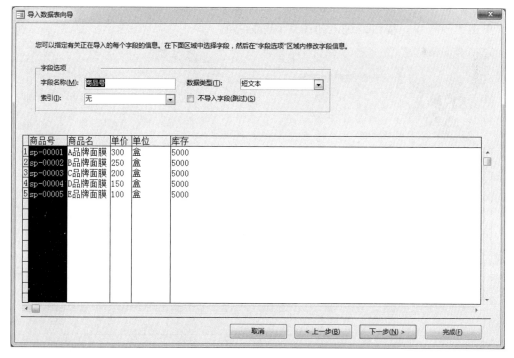

图 7-17　向导步骤 3

在界面中"字段选项"里可修改各个字段的字段名称、数据类型等。这里暂不修改，单击"下一步"按钮，进入如图 7-18 所示的界面。

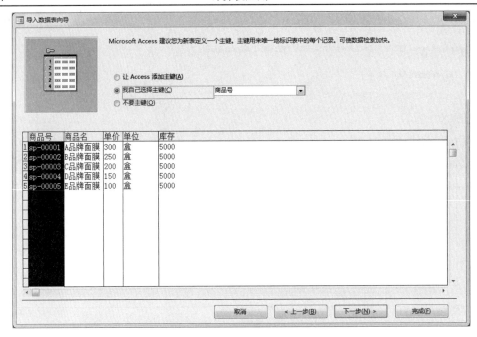

图 7-18　向导步骤 4

在如图 7-18 示的界面中选"我自己选择主键"，主键字段选"商品号"即可。此处主键用于确保商品表中商品的唯一性(不重复)，以避免同一商品多次出现在商品表中。换句话讲，商品表中的每条记录都不同于表中其他记录。

单击"下一步"按钮，进入如图 7-19 的界面。

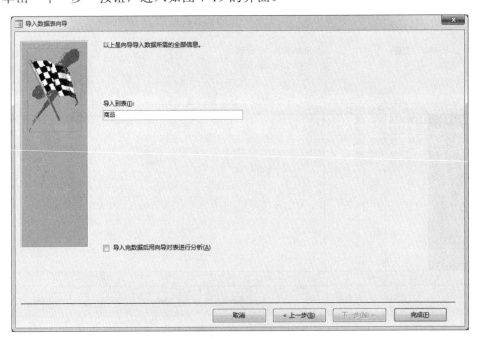

图 7-19　向导步骤 5

图 7-19 所示界面中，"导入到表"名称指定为"商品"，单击"完成"按钮，进入"是

否保存导入步骤"环节，这里不选中"保存导入步骤"，直接单击"关闭"按钮，结束导入过程。Access 界面中出现第 2 张表"商品"。双击"商品"表名称，可查看商品表导入的数据，如图 7-20 所示。

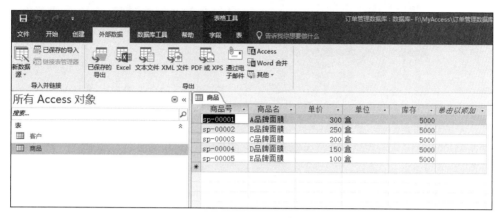

图 7-20　商品表的数据

按照前述方法 1 或方法 2，继续导入"订单表"和"订单明细"表，结果如图 7-21 所示。

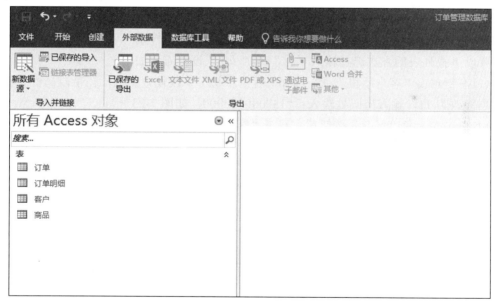

图 7-21　导入 4 个表

7.2.2　数据整理

数据表导入完成后，从 Excel 的角度看，任务已完成。但从 Access 角度看，数据还需进一步整理，如修改多余的字段大小，设置输入掩码、字段有效性规则、默认值，建立表间关系等，以获得更多的操作便利和更高的数据质量。

在左侧 Access 对象栏中右键单击"客户"表，选择快捷菜单中的"设计"视图，进入"客户"表结构修改(设计)界面，如图 7-22 所示。

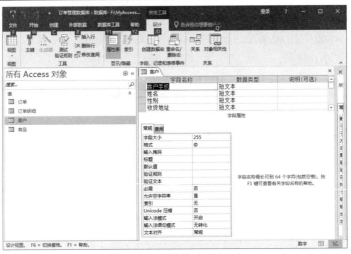

图 7-22　表结构修改界面

在右侧上半部分依次单击"客户手机""姓名""性别""收货地址",并观察下半部分字段属性,字段大小均为 255,说明从 Excel 导入数据过程中,大小均默认按 255 个字符转换,空间浪费较多,应按需求修改。

此处假设"客户手机""姓名""性别"字段大小依次改为 11、10、1,"收货地址"保持不变。同时,为确保数据量增加后的质量,设置"客户手机"字段的输入掩码,使其前 2 位必须输入 13,后 9 位只能输入数字字符;设置"性别"字段默认值为"男",并设置以下拉列表的方式选择输入"男"或"女"。设置方法如下。

(1)右键单击"客户手机"行,选择"客户手机"字段设置主键,在字段属性中将字段大小修改为 11,输入掩码处输入:"13"000000000,如图 7-23 所示。

(2)单击左上角"保存"按钮后,双击"客户"表名称,可查看"客户手机"设置效果,如图 7-24 所示。

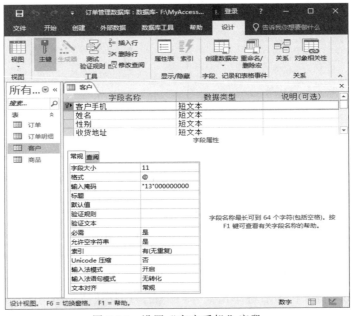

图 7-23　设置"客户手机"字段

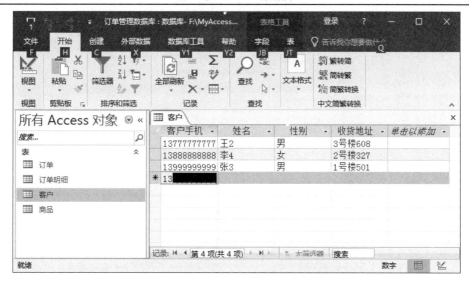

图 7-24　设置"客户手机"输入掩码效果

(3)回到客户表设计视图，单击"性别"字段行，在字段属性中修改字段大小为 1；默认值设置为：男，如图 7-25 所示。

图 7-25　"性别"字段默认值设置

(4)点开"性别"字段名后的数据类型下拉列表，选择"查阅向导..."，如图 7-26 所示。

进入如图 7-27 所示的"查阅向导"界面。

(5)选择"自行键入所需的值"后，单击"下一步"按钮，进入"查阅向导"步骤 2，依次输入"男""女"，如图 7-28 所示。

图 7-26　设置"性别"输入方式为下拉列表选择

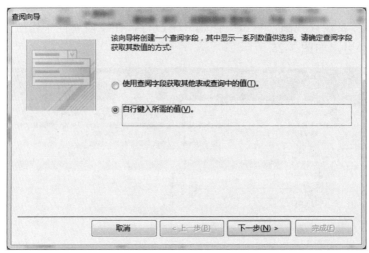

图 7-27　查阅向导步骤 1

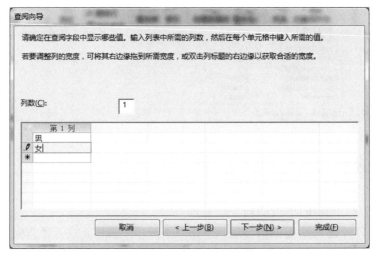

图 7-28　查阅向导步骤 2

　　单击"下一步"按钮,进入"查阅向导"步骤 3 后,单击"完成"按钮,然后单击"保存"按钮后,双击"客户"表切换到数据表视图。再单击任意客户的"性别"字段处,查看设置效果,如图 7-29 所示。

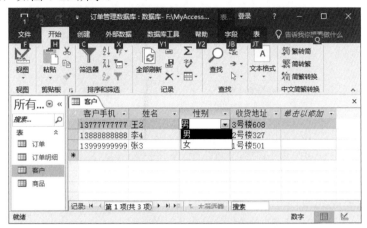

图 7-29　性别"字段"设置效果

　　其他几个表的数据整理参照上述"客户"表数据的整理过程,这里不赘述。

　　需要强调的是,如果数据整理不到位,可能会影响表间数据关系的建立。

　　阅读订单管理数据库的 4 个表,可以发现:

　　(1)"客户"表与"订单"表之间按"客户手机"和"手机号码"对应,是一对多的关系,即一个"客户手机",在"订单"表中可能有多条记录与之对应;

　　(2)"订单"表与"订单明细"表的关系是按"订单号"对应,是一对多的关系;

　　(3)而"商品表"与"订单明细"表之间是按"商品号"对应,是一对多的关系。

　　整理数据时,上述 3 个一对多关系中,一的一方按相关字段设置主键,相关字段的字段类型与大小保持一致,以避免建立关系时出错。

　　完成准备工作后,关闭所有打开的表,单击顶部的"数据库工具"选项卡,单击"关系"按钮,进入"显示表"对话框,在对话框中依次双击"客户""订单""订单明细""商品",完成表的添加。关闭该对话框,进入如图 7-30 所示的界面。

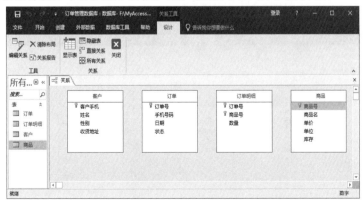

图 7-30　添加 4 个表

　　注意,按"客户""订单""订单明细""商品"的顺序添加表,确保了相邻两张表之间存在着关系,这便于建立表间关系的操作。

用鼠标指向"客户"表中的"客户手机"字段，按下左键不放，拖拽到"订单"表中的"手机号码"上放开左键，进入如图 7-31 所示"编辑关系"界面。

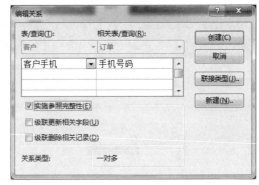

图 7-31 "编辑关系"界面

选中"实施参照完整性"后，单击"创建"按钮，完成"客户"表与"订单"表之间的关系建立，如图 7-32 所示。

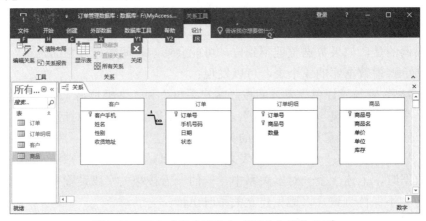

图 7-32 建立"客户表"与"订单"表的关系

同样拖拽"订单号"到另一张表的"订单号"，"商品号"到另一张表的"商品号"，完成 4 张表的关系建立，如图 7-33 所示。

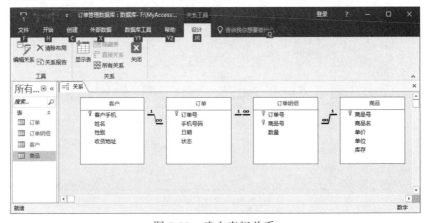

图 7-33 建立表间关系

单击"保存"按钮并关闭关系。

7.2.3　数据导出

Access 中，可以将数据表以 Excel、文本、PDF 等格式导出，具体方法如下(以"商品"表导出到 Excel 为例)：

(1)单击选中"商品"表或双击打开"商品"表，选择顶部的"外部数据"选项卡(导入时用过)，在导出组中选择 Excel 选项，进入如图 7-34 所示的"导出"对话框。

图 7-34　"导出"对话框

(2)单击文件名行右侧的"浏览"按钮，指定导出后文件存放位置及文件名(文件名默认为表名)，单击"确定"按钮，在弹出的"保存导出"步骤框直接单击"关闭"按钮，完成文件导出。

事实上，要将 Access 中的数据导出到 Excel，可以直接在 Access 中选择要导出的数据，复制，然后在 Excel 文件中直接粘贴，即可完成数据导出。

7.3　查 询 统 计

为便于理解，订单管理数据库中的数据已经进行过简化，数据量相对较小，但对于数据关系的表达没有太大影响。本节中，基于"订单管理"数据库，讨论如何从数据库中获得需要的信息，这就是以数据库的思维，实现数据分析统计。

前面提到，之所以把数据以"客户""订单""订单明细""商品"4 个表分别组织存储，是源于数据库关系规范化的要求，使得 4 个表中独立存放着关系相对紧密的数据。而在实际应用中，我们不仅关心这些单个表中的数据，也关心这些数据的组合，如从客户角度统计订单的情况，或从商品角度查看各商品订购的情况等。

事实上，查询就是把分别存储的数据重新组合在一起的过程，组合的依据就是数据表之间的关系。

7.3.1 简单查询

参看表 7-1～表 7-4，"客户"表中目前只有 3 条记录，表示有 3 个客户；"订单"表中有 12 条记录，表示目前有 12 个订单；"商品"表中有 5 条记录，表示有 5 种商品在销售；"订单明细"表中则表达了每个订单的详细信息，即每个订单可能有多项订购。

例 1：查询客户的基本信息，操作方法如下。

Access 中，单击"创建"选项卡，在查询组中选择"查询设计"按钮，进入"显示表"对话框。在其中双击"客户"表，完成表的添加后，关闭该对话框，进入如图 7-35 所示的界面。

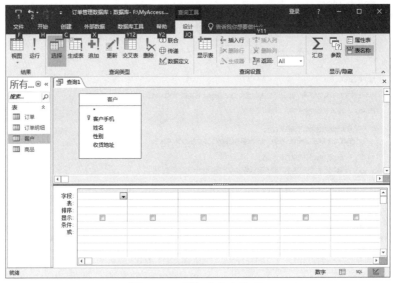

图 7-35　查询"客户"表

在图 7-35 中，双击"客户"表中的"*"号，表示查询"客户"表中的全部信息(注意界面下部网格中的变化)，如图 7-36 所示。

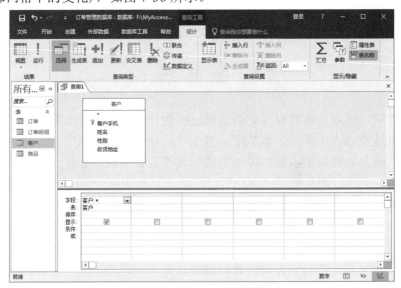

图 7-36　网格中的变化

单击图 7-36 中工具栏中的"运行"按钮，或在图中空白处右击后选"数据表视图"命令，可查看查询结果，如图 7-37 所示。

图 7-37　客户表查询结果

例 2：查询客户信息及订单信息。

查询客户信息及订单信息就是把"客户"表与"订单"表重新组合起来，具体方法如下：

(1)在刚才单击查询结果显示界面(图 7-37)中，右击"查询 1"选项卡，选"设计"视图，回到如图 7-36 所示的界面。直接从左侧表名中将"订单"表拖到"客户"表旁；由于两张表之前建立过关系，查询中这个关系会自动出来，否则需要在两表对应字段拖拽一下以建立数据关系；双击"订单"表中的"*"号，表示查询其中全部字段，如图 7-38 所示。

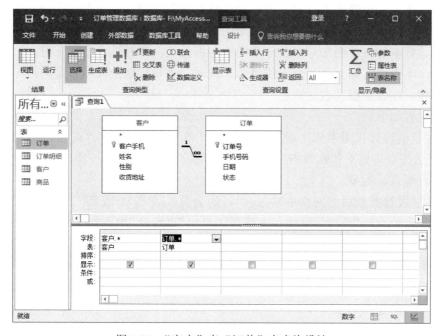

图 7-38　"客户"表"订单"表查询设计

(2) 单击工具栏中的"运行"按钮，或在空白处右击后选"数据表视图"命令，可查看查询结果，如图 7-39 所示。

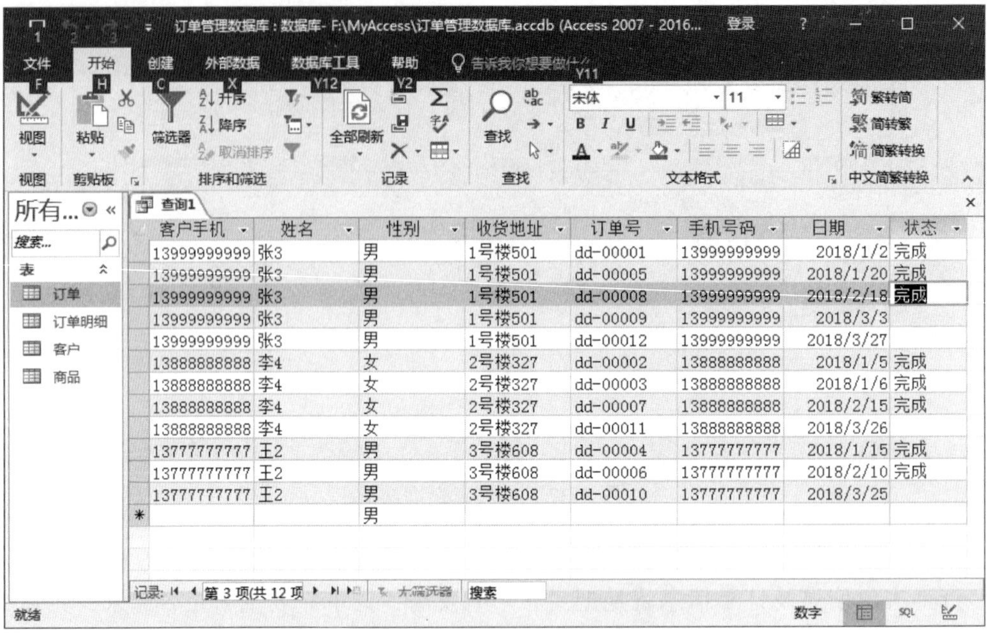

图 7-39　"客户"表"订单"表查询结果

如果不需要两张表中的全部字段，只需要两张表中的某些字段，可在如图 7-38 所示网格中先删除字段行里的"客户.*"和"订单.*"，然后依次双击需要的字段名即可。

例 3：查询全部客户的订购情况，包含订单号、姓名、商品名称、单价、数量及各项订购金额。

分析一下：订单号在"订单"表和"订单明细"表中，姓名在"客户"表中，商品名、单价在"商品"表中，数量在"订单明细"表中，而这些表的关系表达依次是按客户与订单，订单与订单明细，以及订单明细与商品表两两相连，缺一不可。

所以，本查询实际上是 4 个表的组合；同时，各项订购金额应该是对应单价与对应数量的乘积，注意观察其表达式。

操作过程如下：

(1) 在查询设计视图中依次添加"客户""订单""订单明细""商品"(也可直接依次拖入)，然后按查询要求依次双击字段：订单号(两张表中任选其一即可，无差别)，姓名，商品名称，单价，数量。

(2) 在字段行数量后的网格中输入："订购金额：[单价]*[数量]"。

注意，"订购金额"后的冒号为英文冒号，"单价""数量"加英文方括号(这个是 Access 的语法要求)。

将查询保存为：Q1_查询客户订购金额(以下简称 Q1)，如图 7-40 所示。

(3) 单击工具栏中的"运行"按钮，或在空白处右击后选"数据表视图"命令，可查看查询结果，如图 7-41 所示。

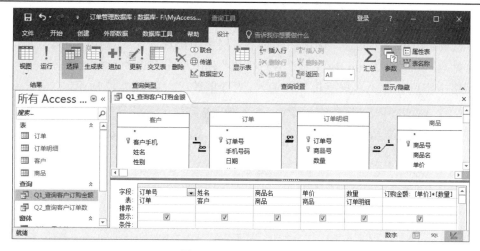

图 7-40　四表组合查询

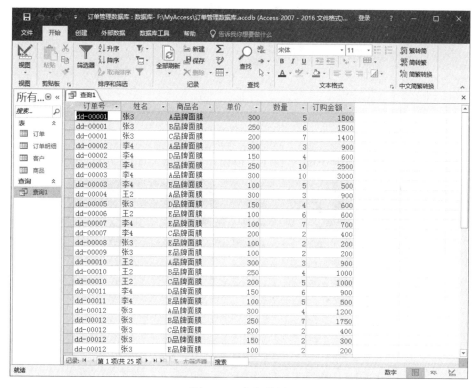

图 7-41　查询结果

7.3.2　高级查询

例 4：查询每个客户的订单数，结果包括姓名、订单数。

分析：姓名在"客户"表中，订单数是"订单"表中每个客户的记录数，记录数的表达要通过汇总查询实现；"客户"表与"订单"表的关系按手机号对应，操作过程如下。

（1）关闭 Access 中所有已打开的对象，单击"创建"→"查询设计"，在"显示表"对话框中双击"客户"表和"订单"表，然后关闭显示表，进入查询设计界面。

(2) 双击"客户"表中的"姓名"和"客户手机"字段，然后单击"设计"选项卡中"显示/隐藏"组中的"汇总"选项，此时下方网格中出现一个"总计："行，"总计："行上保持姓名列中的"Group By"，在"客户手机"列中单击右边的下拉三角，选择"计数"，再在网格中字段行上"客户手机"前输入："订单数："，如图 7-42 所示。

图 7-42　汇总查询

(3) 单击"设计"选项卡中的"运行"按钮，汇总结果如图 7-43 所示。

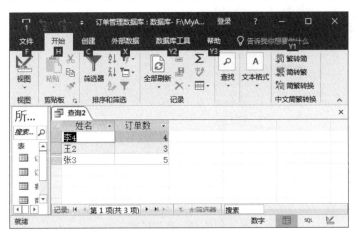

图 7-43　查询汇总订单数

(4) 保存查询为：Q2_查询客户订单数（以下简称 Q2），待用。

例 5：查询每个客户的订单金额，结果包含客户名、订单数、总金额。

分析：这里，把订单数、总金额与客户名并列，应理解为每个客户的订单数，每个客户的总金额；客户名及订单数在 Q2 中已经查到，现重点是查询每个客户的总金额；而每个客户订购金额在 Q1 中已有表达，仅需要在此基础上汇总出总金额即可。

具体操作如下：

（1）新建一个查询设计，在显示表中将查询 Q1 添加进来，或直接将其拖拽进查询设计中。先后双击其中"姓名"字段和"订购金额"字段，再单击"设计"选项卡上的"汇总"按钮，在下方网格"总计"行上"订购金额"列右边的下拉三角中，选择"合计"选项，再在网格中字段行上"订购金额"前输入："总金额："，如图 7-44 所示。

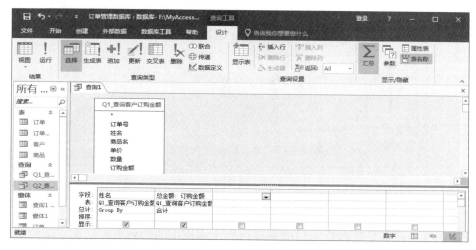

图 7-44　查询总金额

（2）在此基础上，将 Q2 直接拖拽到查询设计中，并按"姓名"连接 Q1 和 Q2，双击 Q2 中的"订单数"字段，进入如图 7-45 所示界面，完成查询设计。

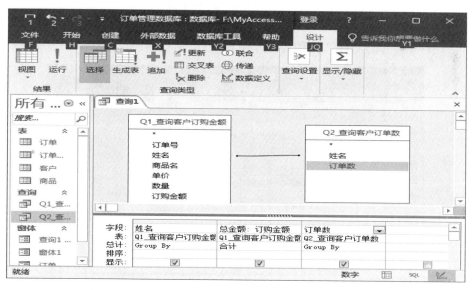

图 7-45　查询中查询

（3）单击"设计"选项卡中的"运行"按钮，统计结果如图 7-46 所示。

（4）保存查询为：Q3_查询客户订单数总金额（以下简称 Q3）。

本例表明，Access 中的查询不仅可以在表中进行，还可以在查询中进行，即在之前的查询结果中进行查询。事实上，Access 中的查询还可以在表和查询中进行，这个功能为查询表达提供了更多的可能性。

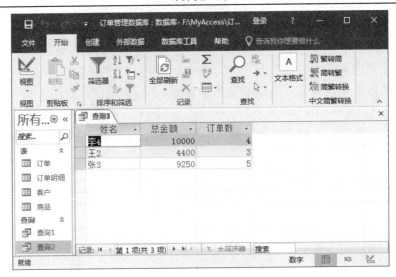

图 7-46　统计查询结果

例 6： 查询统计每种商品的销售金额，结果要求包含商品名、销售额。

前述例题的统计是从客户的角度来进行的，本例中的销售金额要从商品的角度进行统计。为简化问题，依然从查询出发(作为练习，读者也可尝试从数据源表出发进行统计)。

具体操作如下：

(1)新建一个查询设计，在显示表中将 Q1 添加进来，或直接将 Q1 拖拽进查询设计中。先后双击其中"商品名"字段和"订购金额"字段，再单击"设计"选项卡上的"汇总"按钮，在下方网格"总计"行上"订购金额"列右边的下拉三角中，选择"合计"选项，再在网格中字段行上"订购金额"前输入："销售额："，如图 7-47 所示。

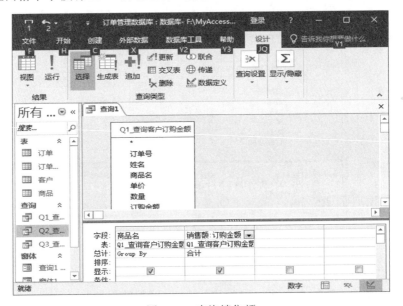

图 7-47　查询销售额

(2)单击"运行"按钮，结果如图 7-48 所示。

图 7-48　销售额查询结果

(3)保存查询为：Q4_查询商品销售额(以下简称 Q4)。

例 7：按月统计销售额，包括年份、月份、销售额。

分析：年份、月份信息包含在"订单"表的"日期"字段中，销售额计算需通过"商品"表中的单价和"订单明细"表中的数量计算，因此可视为在"订单""订单明细"及"商品"表中的查询。具体操作如下：

(1)新建一个查询设计，在显示表中将"订单""订单明细"及"商品"表添加进来，或直接将其拖拽进查询设计中。依次双击其中"日期""单价"和"数量"3 个字段，再单击"设计"选项卡上的"汇总"按钮，在下方网格"总计"行上"订购金额"列右边的下拉三角中，选择"合计"选项，再在网格中字段行上将"日期""单价"和"数量"分别修改为："年份：Year([日期])""月份：Month([日期])"和"销售额：[单价]*[数量]"，如图 7-49 所示。

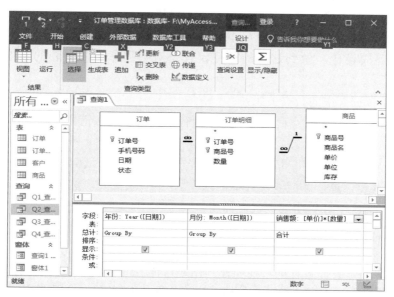

图 7-49　按月统计销售额

（2）单击"运行"按钮，结果如图 7-50 所示。

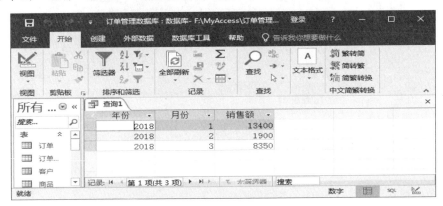

图 7-50　统计结果

（3）保存查询为：Q5_查询每月销售额（以下简称 Q5）。

7.4　用户界面设计

本节案例试图以 Access 的方式，解析一个应用程序的设计过程。

从数据导入、数据整理维护到查询统计，事实上已经是一个销售类实体的日常应用过程了。本案例的架构几乎不需要大的改动，就可应用于诸如餐饮外卖、水果外卖及微商产品销售中。

销售类业务的主要业务数据在"客户"表、"订单"表和"订单明细"表以及"商品"表中。案例中受限于篇幅，没有考虑诸如进货管理及库存管理之类的问题。如果需要，可在数据库设计上进一步优化提升，以满足用户需求。

然而，如果以目前形式应用，用户不得不直接在数据表中完成订单相关信息的处理，这样的管理系统对于普通用户来说，显然是难以接受的。

Access 的强大之处就在于用户不用懂得程序设计，不必写代码，就能完成一个不错的用户界面设计。做到这点的前提仅仅是对数据库中各个表的数据关系的熟悉程度。

回顾一下数据库中的数据关系：

（1）"商品"表存储所卖商品的信息，如有新的商品进入销售，需在"商品"表中增加商品记录。

（2）"客户"表存储客户信息，如有新客户订单，先在"客户"表中增加客户记录。

（3）有了客户信息，才能涉及订单信息。"订单"表主要表达是哪个客户的订单，而具体订购内容需在"订单明细"表内描述。

7.4.1　增加商品记录

在 Access 中，界面设计的功能叫作"创建窗体"。在 Access 中，选择"创建"选项卡，单击窗体组中的"窗体设计"按钮，进入如图 7-51 的窗体设计界面。

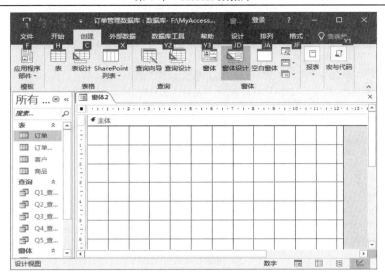

图 7-51　窗体设计界面

在界面中，单击"设计"选项卡，再单击其工具组中的"添加现有字段"按钮，展开商品表中的字段，如图 7-52 所示。

图 7-52　添加字段列表

在界面的"字段列表"中，依次双击"商品"表中的字段名商品号、商品名、单价、单位、库存，关闭字段列表，进入如图 7-53 所示界面。

保存窗体为"w_增加商品"，并双击"w_增加商品"运行，进入如图 7-54 所示界面。

单击下方的记录行上左右三角，可以依次浏览"商品"表中的记录（为现在在卖的商品集合，共 5 条记录）。

浏览到最后空白记录时，在窗体中对应位置输入新增商品的商品号、商品名、单价、单位、库存等数据。单击"保存"按钮，完成新增商品记录，如图 7-55 所示。

图 7-53　增加商品记录界面

图 7-54　窗体运行

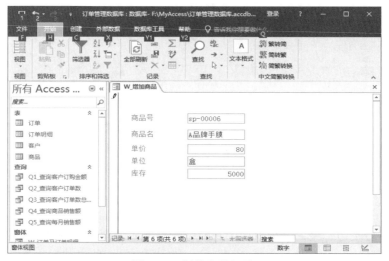

图 7-55　新增商品记录

　　本例中这种方式进行窗体设计时，窗体中数据直接绑定"商品"表，这就意味着，在窗体中对数据的修改视为对"商品"表数据的修改。操作时如非必要，尽量不要改动数据，以免造成混乱。

7.4.2　增加客户记录和订单记录

　　我们知道，"客户"表和"订单"表的数据关系是按手机号对应的。在具体业务数据中，有两种情况：一是客户数据已经在"客户"表中(老客户)；二是客户数据不在"客户"表中(新客户)。对于老客户，只需直接输入订单信息即可；而新客户则必须先在"客户"表中输入客户相关信息，才可以输入订单信息，否则会由于之前建立的参照完整性规则而失败。这种关系下的窗口界面设计较为简单，步骤如下。

　　在 Access 中，先在左侧所有 Access 对象中选择(单击)"客户"表，再选择"创建"选项卡，单击窗体组中的"窗体"按钮(与上例不同)，进入如图 7-56 的窗体设计界面。

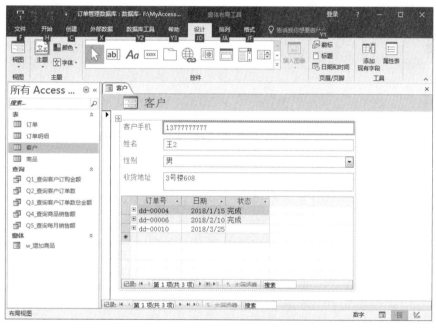

图 7-56　主、子窗体界面

　　在图 7-56 中，窗体上半部分为主窗体对象，绑定一对多关系中的"客户"表，下半部分为子窗体对象，绑定一对多关系中的"订单"表。两个表中数据自动联动，即主窗体中显示客户信息，子窗体中显示该客户的所有订单信息。

　　如果业务数据是老客户订单信息，则先在主窗体记录行中单击前后浏览的小三角按钮，找到相应客户，然后在子窗体中输入新订单信息。如老客户"王 2"有新订单，直接输入即可，如图 7-57 所示。

　　保存窗体名为"W_客户订单"。

　　转入该订单详细信息(明细)输入(见 7.4.3)。

　　如果业务数据是新客户订单信息，则先在主窗体中完成新客户信息输入，再在子窗体中输入其订单信息。如新客户"赵 5"有订单，操作步骤如下：

在主窗体下面记录行上，单击"新(空白)记录"按钮，此时主、子窗体均为空白，分别在主、子窗体中输入客户信息和订单信息，如图 7-58 所示。

图 7-57　老客户订单输入

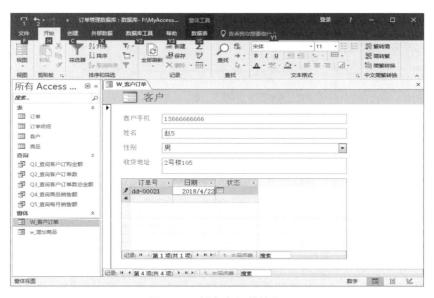

图 7-58　新客户订单输入

单击"保存"按钮，完成客户记录及订单记录的增加。

7.4.3　增加订单及订单明细

增加订单信息后，业务数据处理重点转入对订单明细的输入。由于"订单"表与"订单明细"表之间也已经建立过关系，因此解决方案可以参照前节客户订单的处理方式，只是要先选择"订单"表。

此处我们介绍另一种设计方式，步骤如下。

(1)在 Access 中，选择"创建"选项卡。单击窗体组中的"窗体设计"按钮，进入窗体设计界面。在"设计"选项卡中单击"工具"组中的"添加现有字段"按钮，在字段列表中依次双击"订单"表中的订单号、手机号码、日期、状态 4 个字段。关闭字段列表窗口，进入如图 7-59 所示的主窗体设计界面。

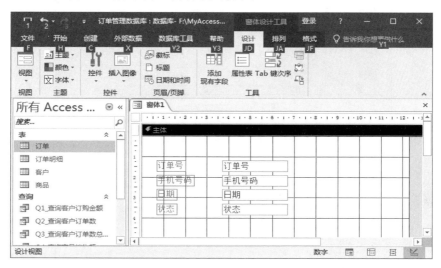

图 7-59　主窗体设计界面

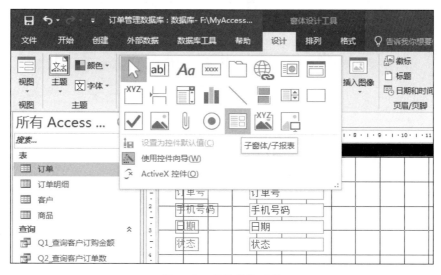

图 7-60　其他控件对象

(2)再单击"设计"选项卡中"控件"组内的"其他"按钮(控件组内滚动条下方)，弹出如图 7-60 所示界面。先确保选择"使用控件向导(W)"，再单击其中的"子窗体/子报表"按钮，系统会弹出如图 7-61 所示的"子窗体向导"对话框。

(3)选择"使用现有的表和查询"选项，单击"下一步"按钮，进入如图 7-62 所示子窗体向导步骤 2。

图 7-61　子窗体向导步骤 1

图 7-62　子窗体向导步骤 2

(4)在"表/查询"中选择订单明细表,"可用字段"全选(订单号、商品号、数量等),单击"下一步"按钮,进入如图 7-63 所示子窗体向导步骤 3。

图 7-63　子窗体向导步骤 3

（5）单击"下一步"按钮，保持子窗体名称为"订单明细"子窗体，单击"完成"按钮，进入图 7-64 所示界面。

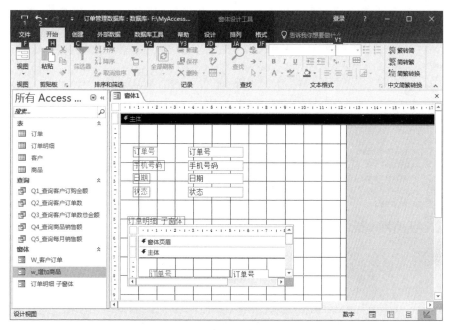

图 7-64　完成子窗体设计

（6）保存窗体为"W_订单及订单明细"，运行，如图 7-65 所示。

图 7-65　订单及订单明细界面

设计完成后，先在主窗体下面记录行内找到之前的新订单，本例中为 dd-00020、dd-00021，依次输入订单明细，如图 7-66、图 7-67 所示。

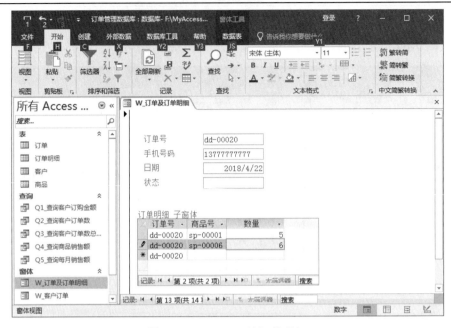

图 7-66   dd-00020 的订单明细

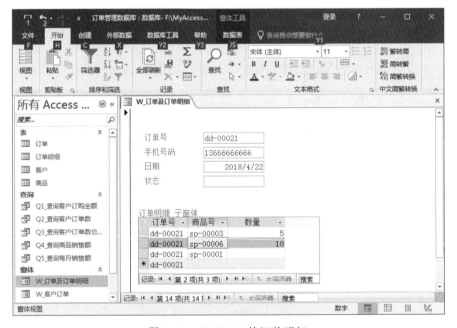

图 7-67   dd-00021 的订单明细

单击"保存"按钮，完成两个订单明细记录的增加。

关闭"订单明细"输入窗体，双击"Q5_查询每月销售额"，结果如图 7-68 所示。

如结果所示，新增两个订单的日期均为 2018 年 4 月，因此 Q5 查询结果与之前有所不同，多了 4 月的数据。

在 Access 应用中，与本案例相似的应用案例较多，套路几乎都是：表中保存了基础数据，窗体完成数据输入与维护，查询则是属于定制的命令。日常营运中，只需把业务数据依次输入，事先订制的各种查询可以随时查看营运数据。这就是一个 Access 简化版的管理软件设计。

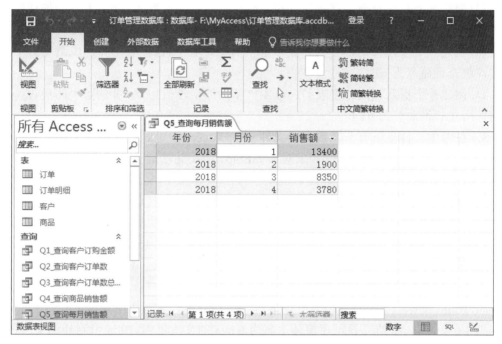

图 7-68　查询每月销售额

7.5　思考与练习

1. 在文件夹 1 下的 samp1.accdb 数据库文件中已建立 3 个关联表对象（名为"职工表""物品表"和"销售业绩表"）、一个窗体对象（名为 fTest）和一个宏对象（名为 mTest）。请按以下要求，完成表和窗体的各种操作：

(1) 分析表对象"销售业绩表"的字段构成，判断并设置其主键。

(2) 为表对象"职工表"追加一个新字段。字段名称为"类别"，数据类型为"文本型"，字段大小为 2，设置该字段的有效性规则为只能输入"在职"与"退休"二者之一。

(3) 将考生文件夹下文本文件 Test.txt 中的数据链接到当前数据库中。其中，第一行数据是字段名，链接对象以 tTest 命名保存。

(4) 窗体 fTest 上命令按钮"bt1"和命令按钮"bt2"大小一致，且上对齐。现调整命令按钮"bt3"的大小与位置，要求：按钮"bt3"的大小尺寸与按钮"bt1"相同、上边界与按钮"bt1"上对齐、水平位置处于按钮"bt1"和"bt2"的中间。

注意，不要更改命令按钮"bt1"和"bt2"的大小和位置。

(5) 更改窗体上 3 个命令按钮的 Tab 键移动顺序为：bt1→bt2→bt3→bt1→……。

(6) 将宏 mTest 重命名为 mTemp。

2. 在文件夹 1 下有一个数据库文件 samp2.accdb，里面已经设计好 3 个关联表对象 tStud、tCourse、tScore 和表对象 tTemp。请按以下要求完成设计：

（1）创建一个选择查询，查找并显示没有摄影爱好的学生的"学号""姓名""性别"和"年龄" 4 个字段内容，将查询命名为 qT1。

（2）创建一个总计查询，查找学生的成绩信息，并显示为"学号"和"平均成绩"两列内容。其中"平均成绩"一列数据由统计计算得到，将查询命名为 qT2。

（3）创建一个选择查询，查找并显示学生的"姓名""课程名"和"成绩" 3 个字段内容，将查询命名为 qT3。

（4）创建一个更新查询，将表 tTemp 中"年龄"字段值加 1，并清除"团员否"字段的值，所建查询命名为 qT4。

3．在考生文件夹下有一个数据库文件 samp3.accdb，里面已经设计了表对象 tEmp、窗体对象 fEmp、报表对象 rEmp 和宏对象 mEmp。请在此基础上按照以下要求补充设计：

（1）设置表对象 tEmp 中"聘用时间"字段的有效性规则为：2006 年 9 月 30 日（含）以前的时间。相应有效性文本设置为"输入二零零六年九月以前的日期"。

（2）设置报表 rEmp 按照"年龄"字段降序排列输出；将报表页面页脚区域内名为 tPage 的文本框控件设置为"页码–总页数"形式的页码显示（如 1-15、2-15、…）。

（3）将 fEmp 窗体上名为 bTitle 的标签宽度设置为 5 厘米、高度设置为 1 厘米，设置其标题为"数据信息输出"，并居中显示。

（4）fEmp 窗体上单击"输出"命令按钮（名为 btnP），实现以下功能：计算 Fibonacci 数列第 19 项的值，将结果显示在窗体上名为 tData 的文本框内，并输出到外部文件保存；单击"打开表"命令按钮（名为 btnQ），调用宏对象 mEmp 以打开数据表 tEmp。

Fibonacci 数列如下：

$$F1 = 1 \qquad n = 1$$
$$F2 = 1 \qquad n = 2$$
$$Fn = Fn-1 + Fn-2 \qquad n >= 3$$

调试完毕后，必须单击"输出"命令按钮生成外部文件，才能得分。

试根据上述功能要求，对已给的命令按钮事件进行补充和完善。

4．在考生文件夹下有一个 Excel 文件 Test.xlsx 和一个数据库文件 samp1.accdb。samp1.accdb 数据库文件中已建立 3 个表对象（名为"线路""游客"和"团体"）和一个窗体对象（名为 brow）。请按以下要求，完成表和窗体的各种操作：

（1）将"线路"表中的"线路 ID"字段设置为主键；设置"天数"字段的有效性规则属性，有效性规则为非空且大于 0。

（2）将"团队"表中的"团队 ID"字段设置为主键；追加"线路 ID"新字段，数据类型为"文本"，字段大小为 8。

（3）将"游客"表中的"年龄"字段删除；添加两个字段，字段名分别为"证件编号"和"证件类别"；"证件编号"的数据类型为"文本"，字段大小为 20；"证件类别"字段的数据类型为"文本"，字段大小为 8，其值的输入要求从下拉列表选择"身份证""军官证"或"护照"之一。

（4）将考生文件夹下 Test.xls 文件中的数据链接到当前数据库中。要求：数据中的第 1 行作为字段名，链接表对象命名为 tTest。

(5)建立"线路""团队"和"游客"三表之间的关系，并实施参照完整性。

(6)修改窗体 brow，取消"记录选择器"和"分隔线"显示，在窗体页眉处添加一个标签控件(名为 Line)，标签标题为"线路介绍"，字体名称为"隶书"、字体大小为18。

5．在考生文件夹下有一个数据库文件 samp2.accdb，里面已经设计好两个表对象 tA 和 tB。请按以下要求完成设计：

(1)创建一个查询，查找并显示 6 月入住客人的"姓名""房间号""电话"和"入住日期" 4 个字段内容。所建查询命名为 qT1。

(2)创建一个查询，能够在客人每次结账时根据客人的姓名提示统计这个客人已住天数和应交金额，并显示"姓名""房间号""已住天数"和"应交金额"。所建查询命名为 qT2。

注：输入姓名时应提示"请输入姓名"。已住天数按系统时间为客人结账日进行计算。应交金额=已住天数*价格。

(3)创建一个查询，查找"身份证"字段第 4 位至第 6 位值为"102"的记录，并显示"姓名""入住日期"和"价格" 3 个字段内容。所建查询命名为 qT3。

(4)以表对象 tB 为数据源创建一个查询，使用房间号统计并显示每栋楼的各类房间个数。行标题为"楼号"，列标题为"房间类别"。所建查询命名为"qT4"。

注：房间号的前两位为楼号。

6．在考生文件夹下有一个数据库文件 samp3.accdb，里面已经设计了表对象 tEmp、查询对象 qEmp 和窗体对象 fEmp。同时，给出窗体对象 fEmp 上两个按钮的单击事件代码，请按以下要求补充设计。

(1)将窗体 fEmp 上名称为 tSS 的文本框控件改为组合框控件，控件名称不变，标签标题不变。设置组合框控件的相关属性，以实现从下拉列表中选择输入性别值"男"和"女"。

(2)选择合适字段，将查询对象 qEmp 改为参数查询，参数为引用窗体对象 fEmp 上组合框 tSS 的输入值。

(3)将窗体对象 fEmp 上名称为 tPa 的文本框控件设置为计算控件。要求依据"党员否"字段值显示相应内容。如果"党员否"字段值为 True，显示"党员"两个字；如果"党员否"字段值为 False，显示"非党员" 3 个字。

注意：不要修改数据库中的表对象 tEmp；不要修改查询对象 qEmp 中未涉及的内容；不要修改窗体对象 fEmp 中未涉及的控件和属性。

参 考 文 献

耿国华. 2005. 数据结构: 用 C 语言描述. 2 版. 北京: 高等教育出版社.

刘相滨, 刘艳松. 2016. Office 高级应用. 北京: 电子工业出版社.

娄策群. 2015. 信息管理学基础. 北京: 科学出版社.

唐国良, 蔡中民. 2014. 数据库原理及应用 (SQL Server 2008 版). 北京: 清华大学出版社.

夏立新, 金燕, 方志. 2009. 信息检索原理与技术. 北京: 科学出版社.

张文霖, 狄松, 林风琼, 等. 2016. 谁说菜鸟不会数据分析 (工具篇). 北京: 电子工业出版社.

张文霖, 刘夏璐, 狄松. 2016. 谁说菜鸟不会数据分析 (入门篇). 北京: 电子工业出版社.

章伟, 杨正武. 2014. Visual FoxPro 数据库: 程序设计教程. 北京: 科学出版社.

Excel Home. 2017. Excel 数据处理与分析. 北京: 人民邮电出版社.

http://www.360doc.com/content/11/1224/19/2052959_174727038.shtml.

http://www.studyems.com/network/d0113daa2512dd53.html.